W0054013

DAS DIGITALE TONSTUDIO

PRAKTISCHE HILFE ZUR DIGITALEN TONSTUDIOTECHNIK

TECHNIK, FORMATE, KOMPATIBILITÄT
MIT PRAXISTIPPS UND VIELEN BEISPIELEN

PETER BREMM

Ein Fachbuch von
PPVMEDIEN

ISBN 3-932275-72-1

Titelfoto: Peter Bremm
Titelgestaltung: Konstantin Frhr. v. Gaisberg
Projektbetreuung und Lektorat: Anselm Rößler
Bilder: Peter Bremm
Satz und Layout: AB multimedia GmbH, Oberding/Niederding
Abwicklung: Sabine Schnieder
Druckerei: Scherhaufer, Intern. Druck

Über dieses Buch

Bei der Tontechnik herrscht rasanter technischer Fortschritt vor allem in der Computer-Anwendung und der Digitaltechnik. Das Buch „Das digitale Tonstudio“ bietet daher zunächst eine leicht verständliche Einführung in die Funktionsprinzipien digitaler Audiotechnik und eine Beschreibung aller wichtigen Schnittstellen zum Austausch und Transport digitaler Audiodaten. Die Audioqualität bestimmende Kriterien werden ebenso praxisnah besprochen wie die sinnvolle Zusammenstellung von Geräten zu kompletten Funktionsgruppen.

Dabei reichen die Tipps und Vorschläge von einfachen digitalen Überspielen zwischen zwei Geräten bis hin zum umfangreichen Digital-Tonstudio mit seiner komplexen Verkabelung.

Über den Autor

Peter Bremm ist seit mehr als 35 Jahren Musiker und arbeitet seit 22 Jahren in der professionellen Audioindustrie. Es hat als Entwickler für Kommunikationselektronik angefangen, arbeitete als Planer von Rundfunk und Produktionsstudios und war schließlich technischer Leiter für bekannte Hersteller von Tonstudiogeräten. Heute beschäftigt er sich vornehmlich mit Produktplanung und mit der Weitergabe seines umfangreichen Wissen auf Seminaren und Schulungen.

Inhaltsverzeichnis

Vorwort

Eindrücke festhalten

In der Geschichte der Menschheit war die Speicherung von Sinneseindrücken schon immer Gegenstand des Erfindungsgeistes. Als erstes gelang die Speicherung von optischen Eindrücken in Form von Höhlenmalereien, auch die Speicherung von Gerüchen in Form von Parfüms ist schon sehr alt (Rosenblätter wurden schon im alten Ägypten zum Aromatisieren von Ölen verwendet).

Die Speicherung von Höreindrücken dagegen ist noch relativ jung. 1877 hinterlegte der Franzose Charles Cros bei der Pariser Akademie der Wissenschaften ein versiegeltes Paket, das die theoretischen Grundlagen zur fotomechanischen Gravur von Schallschwingungen enthielt. Da seine Theorien jedoch nie in die Praxis umgesetzt wurden, ist bis heute nicht geklärt, ob seine Apparatur funktioniert hätte. Ende des Jahres 1877 meldete Thomas A. Edison sein Patent des Phonografen an. Die Ära der Phonoindustrie hatte begonnen.

Dieser mechanischen Tonaufzeichnung folgte einige Jahre später die magnetische. Der Däne Valdemar Poulsen meldete das Patent für sein Telegraphon im Jahre 1898 an. Er magnetisierte einen dünnen Stahldraht und konnte seine Methode 1907 durch eine Gleichstrom-Vormagnetisierung stark verbessern. Bis etwa 1935 waren Stahldraht und zuletzt 3 mm breites Stahlband die vorherrschenden Speichermedien. 1927 begann der Dresdner Ingenieur Fritz Pfleumer seine Versuche, Schichten magnetisierbaren Pulvers auf Papierbänder aufzutragen. Es dauerte jedoch noch einige Jahre, bis diese Methoden richtig genutzt werden konnten. Erst durch die Erfindung der Elektronenröhre wurde es möglich, die mechanisch oder magnetisch erzeugten elektrischen Spannungen zu verstärken und mit Lautsprechern hörbar zu machen. Dies geschah ab den zwanziger Jahren des 20. Jahrhunderts. Erst diese Kombination aus mechanischer Speicherung und elektrischer Wiedergabe brachte den endgültigen Durchbruch. Die mechanische Speicherung ermöglichte eine Vervielfältigung in großen Stückzahlen, und dieses Prinzip ist auch bei der heutigen CD noch gültig. Die Umwandlung in elektrische Spannungen bei der Wiedergabe und deren Umwandlung in Schall durch Lautsprecher brachte die für eine breite Akzeptanz nötige Wiedergabequalität.

Lange Zeit erfolgten nun wieder nur graduelle Verbesserungen. Eine verbesserte Schneidetechnik führte zu besserem Klang und längerer Spielzeit bei Schallplatten. Bei der Magnetaufzeichnung sorgten bessere Bänder und Rauschunterdrückungssysteme für einen besserem Klang.

Erst mit der 1983 vorgestellten digitalen Audio-CD trat wieder eine grundsätzliche technologische Änderung ein, das Ende der Ära analoger Aufzeichnung hatte begonnen. Dieser vor über 30 Jahren begonnene Trend zur digitalen Aufzeichnung, Verarbeitung und Speicherung von Audiodaten hat sich auf breiter Front bis ins Homestudio durchgesetzt.

Wie immer bringen völlig neue Technologien neben neuen Möglichkeiten und Chancen auch Schwierigkeiten mit sich, die manchmal erst nach einer langen und schmerzhaften Lernphase zu überwinden oder zumindest zu umgehen sind.

Diese Buch soll Verständnis für die Zusammenhänge und technischen Hintergründe der digitalen Audiotechnik wecken und so all jenen bei der Bewältigung ihrer Probleme und Schwierigkeiten helfen, die sich in der Praxis mit digitaler Audiotechnik beschäftigen.

Peter Bremm

1. Warum digitale Audiotechnik?

Philips und Sony stellten 1983 auf einer gemeinsamen Pressekonferenz ein in Kooperation entwickeltes neues digitales Tonträgermedium vor, die Digital Audio Compact Disk, kurz CD genannt. Das System sollte die analoge Langspielplatte ersetzen und hat eine Lawine ins Rollen gebracht, die schon bald nicht mehr aufzuhalten war.

Am Anfang war die CD

Zu groß waren die Vorteile des neuen Mediums gegenüber der analogen Schallplatte: nahezu unzerstörbar, mit einfacherem Handling, besserem Klang, längerer Spielzeit und dem Flair des Modernen. Selbst die ersten CDs, die zum Teil mit 14 Bit Auflösung aufgenommen waren, wurden als besser klingend empfunden als die „alten“ Langspielplatten. Es gab jedoch auch Kritik an der neuen Technologie. Der Redakteur einer HiFi-Zeitschrift schrieb etwa ein Jahr nach Einführung des neuen Mediums: „Am Anfang war die CD, und höre, sie klang schlecht.“ Wie bei der Beurteilung vieler neuer Technologien war aber auch hier der Effekt „Besser weil Neu“ neben den tatsächlichen Vorteilen eine treibende Kraft bei der Verbreitung und Akzeptanz dieses neuen Mediums.

Dass die Digitaltechnik auch einige Nachteile hat, wurde zu Beginn des Digitalzeitalters weitgehend aus dem Bewusstsein verdrängt. Es entstand eine Art Goldgräberstimmung, durch die auch auf der Ton-Produktionsseite ein großer Bedarf an digitalen Aufzeichnungs- und Bearbeitungsgeräten geschaffen wurde.

Da die Computertechnologie zum damaligen Zeitpunkt noch nicht soweit entwickelt war, dass die Verarbeitungsgeschwindigkeiten erreicht werden konnten, die eigentlich nötig gewesen wären, schloss man bei der Entwicklung vieler Geräte Kompromisse, die der Audioqualität oft abträglich waren. Hallgeräte mit 12 oder 14 Bit interner Verarbeitungsbreite waren an der Tagesordnung und klangen entsprechend kalt, metallisch und steril, auch die Wandlertechnologie steckte zwangsläufig noch in den Kinderschuhen.

So war es auch nicht der Klang, der auf der Produktionsseite Tontechniker und Musiker faszinierte, sondern die schier unendlichen neuen gestalterischen Möglichkeiten, die sich durch die Digitaltechnik eröffneten. Legendäre Sounds der frühen achtziger Jahre (wie etwa Phil Collins' Snare-Sound, realisiert mit dem Hallgerät RMS-16 vom AMS) entstanden mit Geräten, deren Audioqualität man heute positiv bestenfalls mit dem Wort Vintage umschreiben kann.

Neue Möglichkeiten

Die wahren Vorteile der digitalen Audiotechnik lagen und liegen auch heute trotz 24 Bit Wortbreite und 96 kHz Samplefrequenz noch immer in erster Linie nicht in der besseren Audioqualität, sondern zum einen in den vielfältigen gestalterischen Möglichkeiten, die sich nur mit digitaler Technik realisieren lassen und sich sogar kulturell auswirkten, indem mit ihrer Hilfe neue Musikstile geschaffen wurden.

Zum andern ermöglichte die Digitaltechnik erheblich günstigere Preise sowohl für Aufnahme- als auch Wiedergabegeräte. Es muss deutlich weniger aufwendige Mechanik verwendet werden, statt dessen können viele elektronische Bausteine verwendet werden, die universell auch für andere Produkte einsetzbar sind und deshalb in sehr großen Stückzahlen preiswerter produziert werden können.

Auch die digitale Audiotechnik ist noch immer einiges davon entfernt, ein perfektes Abbild der Natur liefern zu können. Die anfängliche Euphorie ist inzwischen realistischen Betrachtungsweisen gewichen und man sucht heute nach möglichen Ursachen für Fehler und klangliche Mängel, die anfangs unbeachtet blieben oder als nicht vorhanden galten.

Kostengünstig

Einer der Hauptgründe für die Einführung des neuen digitalen Mediums CD mag sicherlich der Wunsch gewesen sein, einer möglichst natürlichen und damit wahrheitsgetreuen Speicherung und Wiedergabe von Schallereignissen näher zu kommen. Treibende Kraft zur Realisierung war allerdings wahrscheinlich das Bestreben der Gerätehersteller, neue Märkte zu erschließen. Dieser wirtschaftliche Aspekt sollte nicht ungenannt bleiben. Starkes wirtschaftliches Interesse förderte auch hier eine Entwicklung, deren Vorteile auf vielen Ebenen zu finden sind. Es sorgte zunächst dafür, dass die neue Technologie vor allem mit Wiedergabegeräten am Markt vertreten war. Die großen Stückzahlen verkaufter Wiedergabegeräte sorgten dann für eine Nachfrage nach Programm-Material und damit nach Geräten zur Aufnahme und Bearbeitung von digitalen Audiosignalen. Diese Geräte wurden in einem zweiten Schritt entwickelt gelangten erst nach und nach in die Studios.

Im folgenden soll eine Gegenüberstellung der spezifischen Eigenarten von Analog- und Digitaltechnik die Vor- und Nachteile beider Technologien kurz skizzieren.

Die Vorteile des Mediums CD und der ihm nachgefolgten Speichermedien sind allgemein anerkannt und müssen hier nicht noch einmal aufgezählt werden. Deshalb sollen im Folgenden speziell die Vorteile, aber auch die Nachteile der digitalen Audiotechnik gegenüber der Analogtechnik auf der Produktionsseite besprochen werden.

1.1 Bearbeiten und Übertragen von Audiodaten ohne Generationsverluste

Neue Freiheit

Eine Einschränkung der gestalterischen Freiheit bei der Arbeit mit analogen Audiosignalen besteht darin, dass sich jeder Bearbeitungsschritt, jedes Kopieren und jede Übertragung des Signals qualitätsmindernd auswirkt. Durch einen Anstieg des Rauschanteiles verringert sich die nutzbare Dynamik. Das Signal durchläuft elektronische Bauteile, die Verzerrungen vergrößern, dieser so genannte Klirrfaktor verändert den Klang. Aus diesen Gründen muss man sich bei jedem Bearbeitungsschritt entscheiden, ob er es wirklich wert ist, diese negativen Folgen in Kauf zu nehmen.

Digitale Systeme ermöglichen es dem Benutzer, eine während der Aufnahmen erzielte hohe Audioqualität während der ganzen Produktion von Anfang bis zum Ende zu erhalten, wenn das Signal komplett auf der digitalen Ebene verbleibt. Im Gegensatz zu analogen Systemen muss die Audioqualität während des Aufnahmeprozesses, der Bearbeitung und Überspielung nicht zwangsläufig negativ beeinflusst werden.

Die digitale Audiotechnik ermöglicht deshalb weit größere gestalterische Freiheit und intensivere Eingriffsmöglichkeiten bei gleichzeitig konstant bleibender (technischer) Signalqualität.

Um diesen unschätzbaren Vorteil zu nutzen, müssen lediglich einige wenige Vorkehrungen getroffen und ein paar wichtige Regeln beachtet werden. Welche Vorkehrungen und Regeln dies sind, wird in späteren Kapiteln ausführlich besprochen. Um den Verbleib des Signals in der digitalen Ebene zu ermöglichen, sind in jedem Fall allgemein definierte Schnittstellen nötig, die eine verlustfreie Übertragung der Signale von einem zum anderen Bearbeitungsgerät ermöglichen.

1.2 Neue schöne Welt. Die fast unbegrenzten neuen Bearbeitungsmöglichkeiten

Neue Effekte

Ein weiterer wichtiger Punkt, der für die Verwendung von digitaler Audiobearbeitung spricht, sind die nahezu unendlichen Möglichkeiten, ein Signal zu manipulieren. Die ersten digitalen Bearbeitungsgeräte waren Hallgeräte, schon Sie boten Möglichkeiten, die kurz vorher für die meisten Produktionen nicht zugänglich waren. Sollte ein Schallereignis in einem bestimmten Raum stattfinden, musste es in diesem Raum aufgenommen werden. Da diese Möglichkeit sehr häufig aus praktischen oder Kostengründen nicht bestand, waren analoge Hallgeräte entwickelt worden, die rein mechanische Prinzipien benutzten. Viele Musiker kennen heute noch Feder-Hallgeräte mit ihrem unnachahmlich blechernen Sound. Auch bis zu mehrere Quadratmeter große Metallplatten, die elektromechanisch zum Schwingen gebracht und deren Schwingungen von Tonabnehmern wieder in elektrische Signale umgewandelt wurden, waren erdacht worden, um Hall und damit eine Raumsimulation zu erzeugen. In anderen analogen Hallgeräten wurden Goldfolien verwendet, die in Schwingungen versetzt wurden.

Alle diese Geräte hatten nur sehr beschränkte Möglichkeiten, auf das Resultat Einfluss zu nehmen. Bereits die ersten digitalen Hallgeräte waren deshalb wegen ihrer größeren Möglichkeiten Objekte der Begierde jedes Tonmeisters, obwohl der Klang von dem eines tatsächlichen Raumes noch weit entfernt war.

Heutige Digitaltechnik bietet schier unerschöpfliche Möglichkeiten, Signale in ihrem zeitlichen Verlauf, in ihrer Wellenform, in ihrer Tonhöhe, im Klangcharakter und nahezu jedem anderen Parameter zu beeinflussen.

So können Ereignisse zum Beispiel in ihrer Tonhöhe verändert werden, ohne dass dies eine in der Analogtechnik unvermeidliche Änderung der Geschwindigkeit zur Folge hätte. Genauso lässt sich die Geschwindigkeit von Schallereignissen ändern, ohne dass sich zwangsläufig die Tonhöhe verändern muss. Diese Technik erlaubt zum Beispiel, Werbespots in ihrer Länge zu reduzieren und so Sendezeit und damit Geld zu sparen. Auch der vom Gesetzgeber vorgeschriebene Satz „Zu Risiken oder Nebenwirkungen fragen Sie Ihren Arzt oder Apotheker" wird mit digitalen Bearbeitungsmethoden verkürzt, um keine „unnütze" Sendezeit zu vergeuden.

Besondere Aufmerksamkeit gebührt auch der Möglichkeit, analoge Aufnahmen zu restaurieren. Mit analogen Mitteln war es nicht möglich, zum Beispiel Knackgeräusche und Knistern aus historischen Aufnahmen zu entfernen. Eine Filterung beeinflusste immer auch die Signale, die man unverfälscht erhalten wollte. Moderne Rechenvorschriften (Algorithmen) ermöglichen dies heute mit fantastischen Ergebnissen.

Dass diese die Kreativität beflügelnden Möglichkeiten auch zu merkwürdigen Stilblüten führen können, soll hier nicht weiter diskutiert werden. Ein „Missbrauch" von Technologie scheint auch im Audiobereich nicht ausgeschlossen werden zu können.

1.3 Geringere Gerätekosten: „Audio für alle"

Weniger Mechanik

Der nun folgende Punkt hat ebenfalls nicht unerheblich zum Siegeszug der Digitaltechnik beigetragen: der Preis von Aufnahme und Bearbeitungsgeräten ist in den letzten zwanzig Jahren drastisch gesunken. Digitale Aufnahmegeräte benötigen weit weniger aufwendige Mechanik, als dies bei analogen Geräten der Fall war. Da digitale Daten außerdem weniger störanfällig und damit wesentlich robuster als analoge Signale sind, werden zusätzlich weniger hohe Anforderungen an die Mechanik gestellt, was die verbliebene, noch immer nötige Mechanik preiswerter macht.

Fehlerkorrektur

Aufgetretene Fehler können durch rechnerische Verfahren korrigiert werden, auch dies ließ die Anforderungen an die Mechanik und damit den Preis weiter sinken.

Hohe Stückzahlen

Gleichzeitig sind die Kosten zur Herstellung von digitalen elektronischen Bausteinen drastisch gesunken, da sie in sehr große Stückzahlen hergestellt werden können. Diese hohen Stückzahlen werden erreicht, weil viele der verwendeten Bausteine universell einsetzbar sind. Welche Funktion zum Beispiel ein DSP-Baustein (Digital Signal Processing) übernimmt, hängt nur von der Software ab, die ihn steuert. Der gleiche Baustein kann in einem Effektgerät, einem Mischpult oder zum Beispiel einem Harddisk-Recorder eingesetzt werden. Die Hersteller solcher Bausteine können ihre Chips also auch an andere Gerätehersteller verkaufen, die zwar Audiogeräte, aber keine direkt konkurrierenden Produkte verkaufen.

Diese Entwicklung hat dazu geführt, dass die technische Ausrüstung zum Erstellen einer professionellen Audioproduktion heute zu einem Preis erhältlich ist, zu dem man zu den Hochzeiten der analogen Technik nicht einmal eine professionelle 16 Spur Bandmaschine kaufen konnte.

Auch diese Entwicklung hat jedoch ihre Schattenseiten, bedeutete sie doch das stille Ableben vieler professioneller Studios mangels zahlende Kundschaft, die nun im eigenen digitalen Homestudio ohne Zeitdruck produziert.

1.4 Attribut „Pflegeleicht“: Niedrige Wartungskosten

Ein wichtiger Kostenfaktor in Tonstudios war und ist der Aufwand, der betrieben werden muss, um alle Geräte funktionsfähig und zuverlässig zu halten. Dieser Aufwand ist speziell bei analogen Aufzeichnungsgeräten sehr viel höher als bei ihren modernen digitalen Kollegen, die die Daten auf Videokassetten oder Harddisks aufzeichnen.

Einmessen entfällt

Analoge Bandmaschinen müssen für jeden Aufzeichnungskanal auf die verwendete Bandsorte eingemessen werden. Dies ist bei 16 oder 24 Kanälen ein erheblicher Zeitaufwand, der bei den im semiprofessionellen Bereich verwendeten 1/2“ und 1“ Maschinen noch dadurch erhöht wurde, dass keine Hinterbandkontrolle möglich war. Man musste deshalb immer zurückspulen, das Aufnahmeergebnis prüfen, die Einstellung verändern, erneut aufnehmen, zurückspulen, überprüfen.... u.s.w., bis die eingestellten Werte zufrieden stellende Ergebnisse brachten.

Bei den digitalen Recordern mit DTRS – und ADAT-Format besteht dieses Problem nicht. Von den Herstellern werden Bänder spezifiziert, für die alle Geräte ab Werk optimal eingestellt sind. Nur nach dem Tausch von Komponenten ist eine neue Einstellung nötig, die dann aber zentral für alle Kanäle erfolgen kann und deshalb wesentlich schneller erledigt ist.

Weniger anfällig

Auch die Anfälligkeit gegenüber elektronischen Defekten scheint bei den genannten digitalen Geräten deutlich geringer zu sein. Dies erscheint logisch, wenn man die Anzahl der benötigten elektronischen Bauteile betrachtet. Während bei einer analogen Achtspur-Bandmaschine alle Komponenten des Aufnahme- und Wiedergabezweiges wie Aufnahmeverstärker, Wiedergabeverstärker, Filter zur Entzerrung etc. acht mal vorhanden sein müssen, sind dies in der Digitaltechnik zentrale Komponenten, die nur einmal benötigt werden. Weniger vorhandene Bauteile bedeuten in diesem Falle weniger Möglichkeiten für Defekte.

Ein wichtiger Unterschied muss an dieser Stelle genannt werden, der als Vorteil der Analogtechnik bewertet werden könnte. Eine nicht richtig eingemessene analoge Bandmaschine verweigert ihren Dienst nicht plötzlich und komplett, sondern weist eine zunächst kaum merkbare und nur im direkten Hörvergleich oder durch Messungen identifizierbare Verschlechterung der Aufnahmequalität auf. Gemachte Aufnahmen sind nicht verloren, sondern können mit geeigneten Korrekturen (bei Höhenverlust etwa mit einem Equalizer) weiter verwendet werden.

Digitale Systeme hingegen funktionieren auch bei schon vorhandenen mechanischen oder elektrischen Fehleinstellungen so lange nahezu perfekt, wie die Fehlerkorrektur entstehende Fehler berichtigen kann. Ist dies nicht mehr der Fall, liefert ein digitales System sofort vollkommen unbrauchbare oder gar keine Ergebnisse mehr. Dieses Verhalten der Digitaltechnik verleitet leicht dazu, den zwar geringeren, aber auch hier vorhandenen Wartungsbedarf so lange zu ignorieren, bis es zu spät ist.

1.5 Der Preis macht die Musik? Geringe Medienkosten

Kanalkodierung

Auch die Aufzeichnung von digitalen Daten unterliegt leider den Gesetzen unserer grundsätzlich immer analogen Welt! Aus diesem Grund mussten Methoden gefunden werden, digitale Daten so aufzubereiten, zu codieren, dass sie mit analogen Mitteln aufgezeichnet werden können. Diese Methoden nennt man Kanalcodierung. Durch die Kanalcodierung und die damit verbundene, notwendig gewordene Möglichkeit der Fehlerkorrektur ist die Speicherung von digitalen Daten theoretisch völlig unabhängig von der Qualität des Speichermediums. Dass dies in der Praxis nicht ganz zutrifft, hat fast Jeder bereits leidvoll erfahren, wenn auf einer DAT-Aufnahme plötzlich hörbare Störungen auftauchten oder eine gebrannte CD nicht mehr ohne Fehler abspielbar war. Dennoch sorgt die Fehlerkorrektur für eine sehr große Unabhängigkeit etwa vom Fremdspannungsabstand oder Gleichlaufverhalten des Aufzeichnungsmediums.

Hohe Datendichte

Eine weitere direkte Folge der Kanalcodierung ist, dass bei der Speicherung digitaler Daten eine wesentlich höhere Datendichte erreichbar ist, als dies bei analoger Aufzeichnung der Fall war. Hier führte ein zu enges Bepacken eines Bandes zu erhöhtem Übersprechen und der Fremdspannungsabstand, also das Verhältnis zwischen Störgeräuschen und Nutzsignal, wurde jeweils mit Halbieren der Spurbreite um 3 dB schlechter. Diese physikalischen Gegebenheiten treffen zwar auch auf die Aufzeichnung digitaler Daten zu, wirken sich aber nicht mehr direkt auf die Audioqualität aus.

So führt die Digitaltechnik zu einer Verringerung der Kosten des Speichermediums, dessen Speicherplatz wegen der höheren Packungsdichte deutlich geringer sein kann. Kostete zum Beispiel ein 1/2"-Magnetband für die Aufzeichnung von 8 analogen Audiospuren und einer Aufzeichnungszeit von etwas über 30 Minuten ca. 150 €, ist eine High8-Kassette für Tascams DTRS-System für ca. 20 € zu haben und ermöglicht zudem eine Aufzeichnungszeit von knapp zwei Stunden für acht Spuren mit 24 Bit Wortbreite und der entsprechenden Audioqualität.

2. Von der Quelle zur Mündung: Die Komponenten des digitalen Tonstudios

Vielfältiges Angebot

Der Neueinstieg in die digitale Studiotechnik oder auch der Umstieg von analogen Geräten wird von der Anzahl von Aufnahmemethoden mit verschiedenen Medien und einer schier unübersehbaren Anzahl von Geräten erschwert. Nicht mehr die grundsätzlich erreichbare Aufnahmequalität, sondern eher der Anspruch an Möglichkeiten, Arbeitsweise, Flexibilität und Austauschbarkeit der Aufnahmemedien sind wichtige Entscheidungskriterien. Die benötigten Komponenten wie Mischpult, Mehrspur-Aufnahmegerät, Stereo-Aufnahmegerät, Effektgeräte, Abhörverstärker und Lautsprecher sind als einzelne Geräte erhältlich. Ein komplettes Studio kann aber auch aus nur sehr wenigen Komponenten bestehen, die jeweils mehrere der benötigten Funktionen übernehmen. Sogar ein komplettes virtuelles Tonstudio als Kombination aus Software und einem geeigneten Computer kann alle Wünsche erfüllen. Die folgenden Seiten enthalten eine Zusammenstellung von Möglichkeiten, ein digitales Tonstudio aufzubauen. Die verschiedenen einsetzbaren Geräte vom Mikrofon bis zum Abhörlautsprecher werden mit ihren Möglichkeiten und Grenzen beschrieben, wobei die Aufstellung keinen Anspruch auf Vollständigkeit erhebt, sondern beispielhaft verschiedene Gerätegattungen beschreibt.

2.1 Digitale Mikrofone

An Anfang der Übertragungskette, also dem Weg zwischen Schallerzeuger, Aufnahmegerät, Bearbeitung, Wiedergabegerät und wiederum einem Schallerzeuger zur Wiedergabe, müssen Geräte stehen, die Luftschwingungen (Schall) in elektrische Spannungen umwandeln. Diese Aufgabe übernehmen Mikrofone, die bisher eine Spannung erzeugten, die sich analog (synchron) zu den Schallschwingungen veränderte. Um die Signalverarbeitung innerhalb der Verarbeitungskette möglichst früh zu digitalisieren, sind verschiedene Entwicklungsschritte unternommen worden.

Vorverstärker AD-Wandler

Der erste dieser Schritte war, einen analogen Mikrofonvorverstärker möglichst nahe beim Mikrofon zu platzieren und das Mikrofonsignal nach der analogen Verstärkung sofort in ein Digitalsignal umzuwandeln. Da digitale Signale weniger anfällig für Störungen sind, kann so das vom Mikrofon aufgenommene Signal in besserer Qualität zum Mischpult oder Aufnahmegerät transportiert werden, Brummeinstreuungen oder andere Störungen gehören der Vergangenheit an. Solche Mikrofon-Vorverstärker gibt es von verschiedenen Firmen, einige Hersteller bauen bis zu acht Kanäle in einem 19"-Gehäuse ein und rüsten die Geräte entsprechend der Kanalanzahl mit einer der beiden digitalen Mehrkanal-Schnittstellen ADAT von Alesis oder TDIF von Teac/Tascam aus. Nachteil dieser Version ist, dass die mögliche Kabellänge bei beiden Mehrkanalschnittstellen relativ beschränkt ist, was diese Vorverstärker für den Live-Einsatz ungeeignet macht.

AD-Wandler im Mikrofon

Als nächste Stufe der Entwicklung brachte zum Beispiel die Firma Beyerdynamic so genannte digitale Mikrofone auf den Markt, bei denen der AD-Wandler in das Gehäuse des Mikrofons eingebaut ist. Die Mikrofone haben meist eine digitale Schnittstelle im AES/EBU-Format.

Abbildung 1: Mikrofon mit AES/EBU-Digitalschnittstelle

Im eigentlichen Sinn sind Mikrofone dieser Art keine digitalen Mikrofone, sondern besitzen normale analoge Mikrofonkapseln. Vorverstärker und der anschließende AD-Wandler sind jedoch im Gehäuse des Mikrofons eingebaut, so dass das Mikrofonkabel digitale Daten transportiert.

Der Hersteller Neumann geht mit seinem Mikrofon D-01 der Serie Solution D einen großen Schritt weiter. Einzig die Kapsel das D-01 ist analog, direkt nach der Kapsel werden die von ihr erzeugten Spannungen durch ein spezielles System in ein 28 Bit Digitalsignal umgewandelt. Das System bietet eine Dynamik von 133 dB, dies übertrifft die meisten analogen Mikrofone. Wie später noch erklärt wird, ermöglicht das System wegen der hohen Wortbreite einen Betrieb ohne Gain-Einstellung des internen Mikrofon-Vorverstärkers. Auch eine komplette Fernbedienbarkeit des Mikrofons wurde ermöglicht, so dass das Mikrofon ein Komplettsystem mit vielen fernbedienbaren Parametern darstellt.

Fernbedienung

Dies ist auch gleichzeitig einer der großen Fortschritte, die digitale Mikrofone bieten: der große Dynamikumfang eines sehr guten Mikrofons kann ohne Gain-Einstellung oder die Benutzung eines Abschwächers bei hohen Pegeln direkt auf der digitalen Ebene genutzt werden. Da die Signale bereits in Mikrofon digital vorliegen, können hier über die eingebauten DSPs fernbedienbar bereits viele Bearbeitungsschritte vorgenommen oder Parameter geändert werden. Dazu bietet Neumann eine PC-Software an. So ist zum Beispiel ein HF-Peaklimiter vorhanden, der für Signale oberhalb von 2 kHz oder 4 kHz mit einer einstellbaren Attack- und Release-Zeit benutzt werden kann. Der Rechner, auf dem die Software installiert ist, wird über USB und einen Adapter auf RJ 45 (Fast Ethernet 10/100) mit einem Interface verbunden. Hier können zwei Mikrofone angeschlossen werden, das Interface enthält seinerseits zwei AES/EBU-Ausgänge zum Anschluss an die Aufnahmegeräte.

Spätestens aus dieser Beschreibung wird deutlich, dass die Digitaltechnik neben Vorteilen im Audiobereich auch auf dem Gebiet der Mikrofone zusätzliche Features ermöglicht, die bisher nicht existierten. Weiterhin wird deutlich, dass ein neues Format zur gemeinsamen Übertragung von Audiodaten und Steuerdaten zur Fernbedienung geschaffen werden musste, das am Besten international genormt sein sollte, um Kompatibilität zwischen mehreren Mikrofonherstellern, Herstellern vom Mischpulten und Aufnahmegeräten zu garantieren.

AES 42-2001

Dieses neue Digitalformat wurde von der AES (Audio Engineering Society) und der EBU (European Broadcast Union) im Jahr 2001 genormt und erhielt die Bezeichnung AES42-2001. Eine AES42-Verbindung, auf der sowohl die Audiodaten, die Remote-Daten als auch die Stromversorgung der Mikrofone geführt wird, kann mit einem symmetrischen Standard-Mikrofonkabel bis zu 100 Meter zu den Mikrofonen betragen, mit einem besseren Kabeln sind bis 300 Meter erreichbar.

Wichtig ist in diesem Zusammenhang auch der Hinweis, die Wordclock aller an einem Mischpult eingehenden digitalen Signale synchronisiert sein muss. Dies trifft natürlich auch auf die Signale von „digitalen“ Mikrofonen im AES42-2001-Format zu. Dazu werden verschiedene Lösungen angeboten. Eine besteht in einem Interface zwischen Mikrofon und Mischpult, an das einerseits mehrere Mikrofone angeschlossen werden können, andererseits besitzt ein solches Interface eine der Anzahl anschließbarer Mikrofone entsprechende Anzahl von digitalen Ausgängen im AES/EBU-Format, deren Wordclock synchronisiert ist. Zusätzlich besitzt ein solches Interface eine serielle Computerschnittstelle und setzt die von Computer gesendeten Fernsteuerbefehle in das im AES42-2001 enthaltene Fernsteuerprotokoll um.

2.2 Digitale Kompaktstudios

Seit 1981

Seit der Einführung von analogen Kompaktstudios durch Teac /Tascam im Jahr 1981 erfreuen sich Geräte dieser Kategorie konstanter Beliebtheit. Sie kombinieren ein Mischpult, einen Recorder zur Mehrspur-Aufnahme und manchmal auch eine Möglichkeit, den fertigen Stereomix aufzunehmen, in einem mehr oder weniger kompakten Gehäuse. Man erhält also ein komplettes Studio und muss nur noch für Abhörmonitore und eventuell für einen Master-Recorder sorgen. Die Aufnahme erfolgt bei den analogen Geräten meist auf Kompaktkassetten. Akai hatte für seine Geräte (Akai 1214 und 1414) sogar ein eigenes Kassettenformat mit 1/2“-Band entwickelt, von Tascam gab es ein Kompaktstudio, das acht Spuren auf einem eingebauten 1/4“-Bandlaufwerk aufnahm (Tascam 388).

Digitaler Fortschritt

Mit dem Erscheinen von digital aufnehmenden Kompaktstudios sind Features möglich geworden, die vorher nur in sehr teuren Tonstudiogeräten zu finden waren. So ist zum Beispiel in vielen Geräten eine Mischpultautomation integriert. Eingebaute digitale Effekte wie Hall, Echo oder Chorus sind schon zum Standard geworden. Features wie das Non-Destructive-Editing (zerstörungsfreies Editieren) oder Effekte wie Time-Stretching und Time-Compression sind überhaupt erst durch die Digitaltechnik möglich geworden.

Mit den vielen neuen Möglichkeiten, die in einem Gerät zusammengefasst sind, wuchs natürlich auch die Komplexität der Bedienung. Geräte dieser Art stellen deshalb hohe Anforderungen an die Bereitschaft des Benutzers, sich mit Hilfe einer meist sehr dicken Bedienungsanleitung einzuarbeiten, bevor die konkrete musikalische Arbeit beginnen kann. Digitale Kompaktstudios sind in unterschiedlichen Preisklassen für sehr unterschiedliche Anwendungen am Markt erhältlich. Die Palette reicht von kleinen, mit Batterien betriebenen Geräten, die auf Flashkarten aufzeichnen bis zum kompletten 24 Spur Harddisk-Studio mit eingebautem CD-Brenner, mit dem professionelle Produktionen möglich sind.

Vorteile

Ein Vorteil der Kompaktstudios gegenüber Einzelgeräten mit gleichen Möglichkeiten ist der oft günstigere Preis. Auch bieten alle digital arbeitenden Kompaktstudios einen MIDI-Sync Modus, sie können MIDI-Timecode ausgeben und lesen. Dadurch lässt sich ein MIDI-Sequenzer zu den Audiosignalen synchronisieren, ohne dass wie bei analogen Geräten eine Spur für Timecode geopfert werden müsste. Ein weiterer nicht zu unterschätzender Vorteil ist das Wegfallen der Verkabelung zwischen den einzelnen Geräten wie Mischpult, Effektgeräten und Aufnahmegeräten. Gerade in der digitalen Welt birgt diese Verkabelung einige Fallstricke, wie wir in einem späteren Kapitel noch sehen werden.

Nachteile

Gemeinsame Nachteile sind die schwierigere, oft auch umständliche Bedienung und das Problem, dass im Servicefall das komplette Studio ausfällt, während man bei Einzelgeräten nur auf das jeweils defekte Gerät verzichtet müsste. Um an dem oft unter Zeitdruck stehenden Projekt weiterarbeiten zu können, ist ein einzelnes defektes Gerät für die Zeit der Reparatur leichter durch ein Leihgerät zu ersetzen. Auch sind natürlich einige Features wie die freie Editierbarkeit der Effektprogramme gegenüber teuren Spezialisten wie professionellen Hallgeräten eingeschränkt, um die Bedienung nicht noch komplexer zu machen. Hierunter leidet manchmal die Flexibilität, die Audioqualität der vorhandenen Effektprogramme wird jedoch nicht beeinträchtigt.

2.2.1 Bei der Auswahl des Gerätes sollten einige wichtige Punkte beachtet werden

Datenreduktion

Welche Anforderungen an die Audioqualität werden gestellt ? Darf bei der Aufzeichnung ein Datenreduktionsverfahren benutzt werden?

Um diese Frage zu klären, muss eine Entscheidung über die notwendige oder gewünschte Audio Qualität getroffen werden. Datenreduktionsverfahren sind in der Studiotechnik eigentlich verpönt, je nach Anwendungsfall können sie aber sehr sinnvoll sein. Im Vergleich zu ihren analogen Vorgängern liefern selbst die mit Datenreduktion arbeitenden digitalen Kompaktstudios eine deutlich bessere Audioqualität. Wenn ein solches Verfahren für die Aufnahme verwendet wird, sind die Geräte deshalb sehr gut als musikalisches Notizbuch und für Vorproduktionen geeignet. Auch der reinen Hobbyanwendung steht nicht in Wege. Lediglich Produktionen im CD-Qualität sollte man von solchen Geräten nicht erwarten. Datenreduktionsverfahren werden immer dann verwendet, wenn die Aufnahmekapazität des verwendeten Speichermediums nicht für eine genügende Aufnahmezeit ausreicht. Dies ist bei Minidisk-Geräten der Fall. Auch Geräte, die auf so genannten SmartMedia Karten aufzeichnen, benutzen aus diesem Grund ein solches Verfahren. Wie später noch näher erläutert wird, benötigt man für die Aufnahme eines Monosignals mit 16 Bit/44,1 Kilohertz zirka 5 MB Speicherplatz pro Minute Aufnahmezeit. Eine 64-MByte-SmartMedia-Karte würde also die Aufnahme von vier Spuren für 3,2 Minuten erlauben. Zusätzlich werden noch Informationen zum Wieder-Auffinden der einzelnen Audiofiles benötigt, hier ist also zwingend eine Datenreduktion nötig. Bei einigen Geräten kann zwischen verschiedenen Audio-Qualitätsstufen gewählt werden.

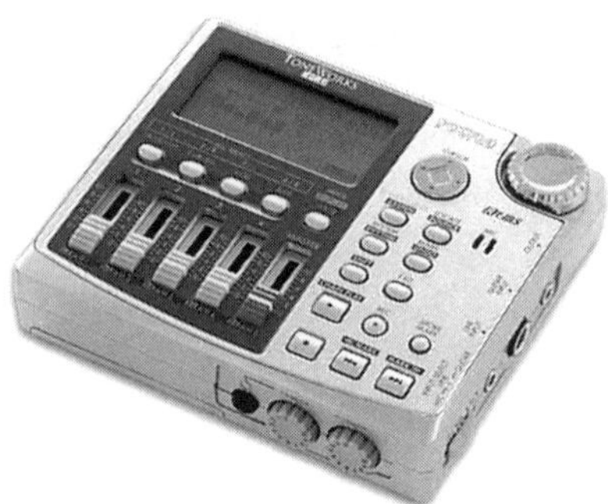

Abbildung 2: Korg PXR4, Aufnahme auf SmartMedia-Karten

Das Korg PXR4-Kompaktstudio zum Beispiel nimmt auf SmartMedia-Karten auf und bietet die drei Aufnahme-Modi: Standard, High-Quality und Economy, bei denen unterschiedlich starke Datenreduktionsraten verwendet werden.

Ein anderes kleines Kompaktstudio, das Tascam Pocketstudio 5 benutzt das MP3-Datenreduktionsverfahren für den Mixdown (Mastermix), so dass die Daten über den eingebauten USB-Port zum Beispiel direkt für eine Internetseite verwendet oder auf einen Computer oder MP3-Player übertragen werden können.

Abbildung 3: Tascam Pocketstudio 5 mit eingebautem MIDI-File Player

Entnehmbare Speichermedien

Der Vorteil von Geräten, die mit einem entnehmbaren Medium wie Minidisk oder SmartMedia-Karten arbeiten ist, dass man gleichzeitig an vielen Produktionen und Ideen arbeiten kann. Das Speichermedium ist nicht wie eine Harddisk fest in das Gerät eingebaut und kann zum Beispiel auch an Mitmusiker zur Weiterbearbeitung verschickt werden. Auch das Problem des Backups besteht hier nicht. Dem steht dagegen meist eine geringere Audioqualität gegenüber.

Festplatte

Geräte, die auf einer Festplatte aufzeichnen, benutzen meist keine Datenkompression. Die Audioqualität hängt hier also zum größten Teil von der Qualität der AD/DA-Wandler ab. Einige Geräte sind sogar in der Lage, neben dem CD-Format (16 Bit/44,1 Kilohertz) auch mit einer Wortbreite von 24 Bit und 96 Kilohertz Samplefrequenz aufzuzeichnen. Diese Begriffe werden in einem nachfolgenden Kapitel ausführlich erläutert.

Abgesehen von der bei Kompaktgeräten immer etwas schlechteren Bedienbarkeit, sind solche Geräte für professionelles Arbeiten in hervorragender Audioqualität geeignet. Sie können durchaus für viele Produktionsaufgaben ein teures Studio ersetzen.

Wie viele Eingänge?

Wie viele Mikrofoneingänge, wie viele analoge Line-Eingänge sollen gleichzeitig benutzbar sein, wie viele Spuren sollen gleichzeitig aufgenommen werden?

Die Antwort auf diese Fragen ist in mit der Art der geplanten Produktionen verknüpft. Einige der kleineren Geräte verfügen nur über zwei Mikrofoneingänge, die zudem oft unsymmetrisch ausgeführt sind. Da oft auch nur zwei Spuren gleichzeitig aufgenommen werden können, ist mit solchen Geräten an Live-Mitschnitte nicht zu denken. Auch die größten Geräte, wie etwa die Roland VS 2480 CT Workstation verfügen zwar über 16 Line-Eingänge, aber nur über acht Mikrofoneingänge, obwohl 16 Spuren gleichzeitig aufgenommen werden können. Wenn gerade die Kompaktstudios wegen ihrer leichten Transportierbarkeit für Live-Mitschnitte gut geeignet wären, schränkt die oft geringe Zahl an analogen Eingängen die Verwendbarkeit leider ein. Oft muss also ein zusätzlicher externer Mikrofon-Vorverstärker benutzt werden, um die Aufnahmekapazität vollständig nutzen zu können. Achten Sie bei der Auswahl auch darauf, dass die Zahl der gleichzeitig abspielbaren oder aufnehmbaren Spuren von der Datenmenge abhängig ist, die ein Gerät pro Zeiteinheit verarbeiten kann. Die Spurenzahl wird deshalb geringer, wenn die Wortbreite oder die Samplefrequenz erhöht werden. Das Korg Digitalstudio D 1600 zum Beispiel kann bei 44, 1 kHz Samplefrequenz und 16 Bit Wortbreite 16 Spuren gleichzeitig wiedergeben oder 8 Spuren gleichzeitig aufnehmen. Im 24 Bit Aufnahmemodus halbiert sich diese Zahl auf 8 Spuren Wiedergabe und 4 Spuren gleichzeitige Aufnahme. Diese kompakten Geräte sind eindeutig für Projektstudios und die Film- und Videonachvertonung konzipiert, also Anwendungen, bei denen die einzelnen Spuren nacheinander aufgenommen werden und es eher um Funktionen wie eine Mischpultautomation und die Synchronisierbarkeit geht, um einen komplexen Mix zu unterstützen.

Abbildung 4: VS-2480 mit 8 symmetrischen Mikrofoneingängen

Die maximal mögliche Aufnahmezeit pro Song

5 MB/Minute

In der Werbung liest man immer wieder Slogans wie „Die interne 6-GB-Harddisk erlaubt eine Aufnahmezeit von 18 Stunden.*" Das Sternchen am Ende des Satzes weist dann auf eine Fußnote hin, die besagt, dass es sich dabei um eine Spur bei 16 Bit Wortbreite handelt.

Aber auch diese Aussage ist noch irreführend. Wie schon erwähnt, werden für eine Aufnahme mit 16 Bit / 44, 1 kHz pro Spur etwa 5 MB pro Aufnahmeminute benötigt. Die obige Angabe wäre also realistisch, man müsste nur noch die 1.080 Minuten (18 Stunden) durch die Anzahl der Spuren teilen, um die Gesamt-Aufnahmezeit des Systems zu erhalten.

In unserem Beispiel handelt es sich um eine 16-Spur-Maschine, die Aufnahmezeit beträgt also 1.080 Minuten geteilt durch 16 Spuren = 67,5 Minuten, also etwas mehr als eine Stunde.

Größe einer Partition

Hierbei ist allerdings noch eine Einschränkung zu beachten: Der gerade errechnete Wert gilt natürlich nur, wenn die gesamte Plattenkapazität für den aufzunehmenden Titel zu Verfügung steht, das ist leider bei einigen Geräten nicht der Fall! Wichtig ist hierbei die Frage, mit welchem System die Festplatte formatiert wurde. Bei der Formatierung einer Festplatte wird der gesamte Speicherplatz in gleich große Stücke eingeteilt. Wie groß diese einzelnen Stücke, Partitionen genannt, sein können, hängt dabei von der Art der Formatierung ab. Das bei manchen Geräten übliche (alte) PC-Format FAT 16 ermöglicht eine maximale Partitionsgröße vom 2 GB. Da während der

Aufnahme diese Partitionsgrenze nicht überschritten werden kann, ist damit die maximale Länge eines Songs also auf 2000 MB (=2 GB) Partitionsgröße), geteilt durch 5 MB (1 Spurminute) = 400 Spurminuten begrenzt. Dies wiederum entspricht bei 16 Spuren einer maximal möglichen Songlänge von lediglich 25 Minuten! Dieser Wert gilt bei einer FAT-16-formatierten Platte unabhängig von ihrer Größe. Ähnliches gilt für das Format HFS, das bei der Formatierung bei (älteren) Macintosh-Computern verwendet wird.

Im obigen Beispiel also bezieht sich die Aussage „18 Stunden Aufnahmezeit" auf die Gesamtzeit von Audiodaten, nicht jedoch auf die mögliche Länge eines Songs oder eines zusammenhängenden Arbeitsabschnittes.

Genaues Lesen der Spezifikationen ist also besonders dann nötig, wenn es bei der Auswahl eines Gerätes darum geht, zum Beispiel in der Videovertonung längere zusammenhängende Stücke produzieren zu müssen. Dies ist letztlich nur mit einer FAT 32, NTFS (PC) oder HFS+ (Macintosh) formatierten Festplatte oder einem Herstellereigenen Format möglich, das beliebig große Partitionen zulässt

Wechselbare Festplatte

Eine weitere wichtige Frage in diesem Zusammenhang ist dieErweiterung der Festplattenkapazität. Meistens arbeiten die Geräte mit einer internen IDE-Festplatte, die wie etwa bei den Fostex-Geräten VFI6 und VFI60 und dem Tascam 788 ohne große Probleme zugänglich ist und daher leicht gegen eine größere Platte ausgetauscht werden kann. Auch hier ist aber zu beachten, wie groß die Partitionen sein können. Sie bestimmen wie oben gesagt die maximale Länge eines zusammenhängenden Audioteiles.

Abbildung 5: Wechselbare IDE-Festplatte

SCSI-Anschluss

Einige Geräte verfügen über eine SCSI-Schnittstelle, an die zusätzlich oder alternativ externe Festplatten angeschlossen werden können. Dieses Schnittstellenformat, das im Laufe der nächsten Zeit aussterben wird, ermöglicht im Gegensatz zur IDE-Schnittstelle den Anschluss externer Geräte. Hier ist genaues Lesen der Prospekte nötig! Diese Schnittstellen haben bei den verschiedenen Geräten unterschiedliche Funktionen, einige sind lediglich zum Erstellen eines Backups auf einem externen SCSI-Laufwerk wie etwa einem ZIP-Drive gedacht. Einige lassen den Anschluss eines (meist nur bestimmten) CD-Brenners zu, um hierauf eine Audio-CD als Master zu erstellen. Andere sind auch dazu geeignet, die Aufnahmekapazität zu erweitern. Hierbei sind wieder ähnliche Einschränkungen wie bei der Partitionsgröße zu beachten: Eine kontinuierliche Aufnahme über die Grenzen einer Festplatte hinaus auf der nächsten, externen Platte ist meist nicht möglich.

Nur bestimmte Geräte möglich

Zudem muss beachtet werden, dass bei Kompaktgeräten keine Möglichkeit besteht, Treiber für neue Festplatten, CD-Brenner oder andere SCSI-Peripherie zu laden. Es können also immer nur die vom Hersteller vorgesehenen Geräte benutzt werden, deren Treiber im Gerät vorhanden sind!

Leider liest sich die Kompatibilitätsliste vieler Hersteller wie eine historische Abhandlung über die Geschichte von Speichermedien, die gelisteten Geräte sind meist längst nicht mehr lieferbar.

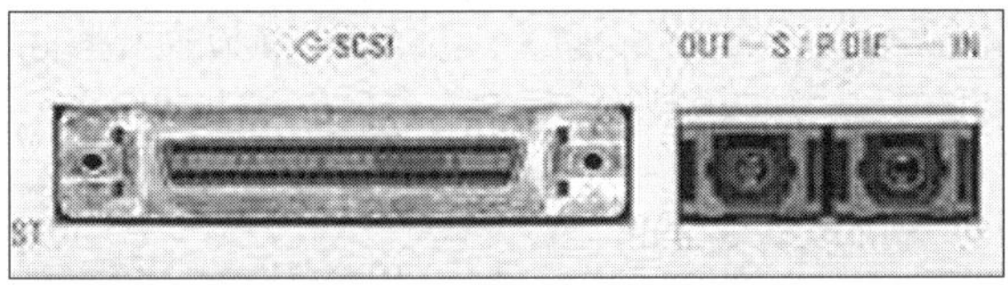

Abbildung 6: SCSI-Port zum Anschluss eines Backup-Mediums, nicht zur Erweiterung der Festplatten-Kapazität

Backup und Mastering

Wie bei allen Harddisk-Geräten muss man entscheiden, ob ein Backup der Festplattedaten nötig ist oder ob immer nur an einem Projekt gearbeitet wird, dessen Daten nach Fertigstellung des Masters wieder gelöscht werden können, um für das nächste Projekt Platz zu schaffen.

Was beinhaltet ein Backup?

Entscheidend ist hier die Frage, ob ein Gerät ein Backup aller Daten erlaubt, also nicht nur der Audiodaten, sondern auch aller Effekt-Einstellungen, Mischpultdaten etc. Nur dann ist die Arbeit wirklich komplett gesichert und kann zu einem späteren Zeitpunkt wieder genau dort fortgesetzt werden, wo sie unterbrochen wurde. In einigen Fällen können solche Backups nur auf genau spezifizierten CD- oder CD-RW-Brennern gemacht werden. Dies ist meistens dann der Fall, wenn es sich um eine SCSI Schnittstelle handelt. Wie schon gesagt, ist ein Kompaktstudio kein Computer, bei dem man einen beliebigen, zum verwendeten Brenner passenden Treiber installieren könnte. So ist oft nur ein bestimmtes Gerät einsetzbar, dessen Treiber in der Firmware des Kompaktstudios bereits vorhanden ist. Leider haben diese Geräte oft einen speziellen Preis, der sie aus der Masse der im Computerhandel erhältlichen Produkte hervorhebt. Gleiches gilt für das Erstellen des Masters einer Produktion. Wenn ein CD-R oder CD-RW Recorder direkt angeschlossen werden kann, handelt es sich in aller Regel um ein spezielles Gerät.

Brenner-Software

Wichtig ist, sich genau anzusehen, wie die Software gestaltet ist, die diesen Brenner unterstützt. Wie einfach ist es zum Beispiel, Trackmarkierungen zu setzen? Wird zwischen den Tracks automatisch eine Pause eingefügt und kann diese Funktion abgeschaltet werden? Dies ist wichtig, wenn zum Beispiel bei Live-Mitschnitten Trackanfänge während des durchgehenden Beifalls gesetzt werden sollen. Hier darf keine Pause eingefügt werden. Ein Spezialist in Form eines Brennerprogramms für einen PC oder Mac ist hier oft sehr viel komfortabler und bietet meistens auch mehr Möglichkeiten zur nachträglichen Bearbeitung.

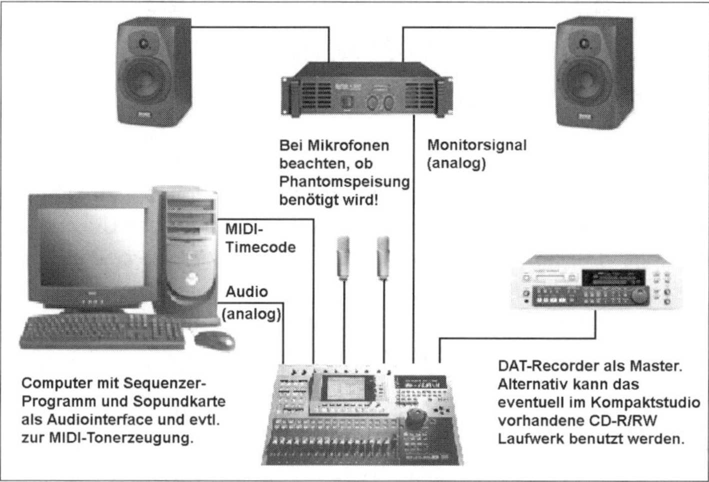

Abbildung 7: Ein Studiosetup mit einem Kompaktstudio

2.2.2 Kompaktstudios, kurz und bündig

- Günstigerer Preis gegenüber Einzelgeräten mit gleichen Funktionen
- Hohe Betriebssicherheit, da spezialisiertes Betriebssystem
- Keine Verkabelung des Studios, dadurch weniger Fehlerquellen
- Transportabel
- Geringer Platzbedarf ermöglicht „Wohnraum-Studio“
- Geräte mit entnehmbaren Speichermedien arbeiten oft mit Datenreduktion
- Bedienung oft komplizierter als bei Einzelgeräten
- Bei Defekt ist das komplettes Studio nicht mehr nutzbar
- Teure Peripherie wie CD-Brenner, da nicht beliebige Geräte benutzt werden können

Bei Kauf eines gebrauchten Gerätes beachten:

- Wie ist die Festplatte formatiert? Sollte FAT 32 oder NTFS (PC) oder HFS+ (Mac) sein. Ältere Geräte arbeiten oft mit FAT 16, hier sind nur Partitionen bis 2 GB möglich.
- Sind verwendbare CD-Brenner, Festplatten und andere Peripherie noch erhältlich?

2.3 Der Bruder des Kompaktstudios: Das virtuelle Studio, die Rechner-gestützte Komplettlösungen

Immer niedrigere Preise und gleichzeitig steigende Leistung von Computern haben dazu geführt, dass die Idee des virtuellen Studios entstand. Da die digitale Audioverarbeitung auch von Computern erledigt wird, lag es nahe, die in großen Stückzahlen hergestellte und daher preiswerte, zunächst nicht auf diese Anwendung spezialisierte Computer durch spezielle Software und eventuelle Hardwareunterstützung zu Audiocomputern zu machen.

Zuverlässigkeit

Über die Zuverlässigkeit solcher Systeme gehen die Meinungen weit auseinander, hat doch jeder Computer seinem Besitzer schon einmal den Dienst verweigert. Diese leidvolle Erfahrung führen die Verfechter einer für ihre Aufgaben speziell hergestellten Hardware als wohl stärkstes Argument an. Auch der Begriff der Latenzzeit wird hier immer wieder genannt. Dieses Problem wird später eingehend besprochen.

Latenz

Andererseits sind sowohl Soft- als auch Hardware in den letzten Jahren deutlich zuverlässiger und stabiler geworden, so dass sich zumindest das Risiko von Datenverlusten durch Computerabstürze wesentlich vermindert hat. Dies ist unter anderem auch eine Folge der drastisch gestiegenen Leistung moderner Computer, die nicht mehr an der Grenze ihrer Belastbarkeit und Leistungsfähigkeit arbeiten müssen, um die ihnen gestellten Aufgaben zu bewältigen.

Benutzer als Software-Tester

Zwei Probleme bleiben jedoch bestehen: Zum einen werden Anwender immer wieder als Testpersonen missbraucht, weil die Software zwar schon verkauft wird, aber bei weitem noch nicht wirklich fertig gestellt ist. Zum anderen führt die Komplexität der Software in Verbindung mit dem weit verbreiteten Widerwillen, Bedienungsanleitungen wirklich zu lesen, häufig zu Fehlbedienung durch den Benutzer.

Wo es bei einem Band-gestützten System der Aufnahmezeit (Realzeit) bedarf, um eine Aufnahme wieder komplett zu löschen, ist dies dank Random-Access bei Festplattensystemen mit einem Mausklick erledigt, wenn man zur falschen Zeit den falschen Menüpunkt aufruft oder den falschen Button anklickt. Immer wieder habe ich in der Praxis erlebt, dass Datenverluste in Situationen auftraten, die vom Softwarehersteller so nicht vorauszusehen waren und die deshalb nicht abgefangen wurden.

Beide Probleme, sowohl das von fehlerhafter Software als auch die oft schwerwiegenden Folgen von Fehlbedienung sind jedoch nicht auf Audioanwendungen beschränkt und werden sich wohl auch in Zukunft hartnäckig halten. Sie verlängern so die Zeit, die man benötigt, um eine bestimmte Aufgaben mit Hilfe eines Computers zu bewältigen.

Positives

Grundsätzlich lässt sich jedoch sagen, dass für die meisten Benutzer die Vorteile eines Computer-basierenden Aufnahmesystems oder gar eines kompletten, virtuellen Studios gegenüber den Risiken überwiegen. Diese Vorteile sind in erster Linie ein verhältnismäßig niedriger Preis gegenüber einer Lösung mit speziellen Hardwarekomponenten, hohe Flexibilität auch für den nachträglichen Ausbau des Systems und, nicht zuletzt für Projektstudios wichtig, wie bei den Kompaktstudios ein niedriger Platzbedarf.

Virtuelle Leistung

Ein Nachteil so aufgebauter Systeme sei hier gleich zu Anfang genannt: Ein Kompaktstudio oder ein Aufnahmesystem, das aus einzelnen, spezialisierten Geräten besteht, bietet eine immer kalkulierbare Leistung: das Mischpult etwa hat immer 16 Kanäle mit einer 4-fach-Klangregelung und 4 gleichzeitig nutzbaren Aux-Wegen zum Ansteuern von Effektgeräten oder Erstellen eines Kopfhörer-Mixes, das Hallgerät stellt alle Programme immer zur Verfügung, der 8-Spur-Recorder bietet seine 8 Spuren ebenfalls immer an. Dies ist bei Computer-gestützten Systemen nicht der Fall.

Viele Anbieter so genannter virtueller Studios locken mit einer unübersehbaren Fülle an Features und Möglichkeiten. Halleffekte, aufwendigste Klangregelung, Pitchshifting, Timestretching, Timecompression, eine unbegrenzte Anzahl von Aufnahmespuren, Audio-Analyser, Korrelationsgradmesser und andere Audiotools werden angeboten. Zusätzlich gibt es eine große Anzahl von virtuellen Instrumenten, die vom Sequenzer gesteuert externe Tonerzeuger ersetzen sollen und Software-Sampler, für die es wiederum eine inzwischen unüberschaubare Menge an Sounds gibt. Alles scheint möglich zu sein, was auch in den meisten Fällen der Wahrheit entspricht.

Alles gleichzeitig?

Selten jedoch wird in Prospekten die Frage beantwortet, ob alle diese Features und Möglichkeiten gleichzeitig zur Verfügung stehen.

Dies hat einen guten Grund: Berechnungen wie z.B. die Erzeugung von Raumhall oder eine aufwendige Klangregelung beeinflussen zum Beispiel die maximal mögliche Anzahl gleichzeitig aufnehmbarer Spuren in einem Mehrspursystem, da sich alle Rechenoperationen den gleichen Prozessor teilen müssen. Auch virtuelle Instrumente benötigen sehr viel Rechenleistung. Vielfach habe ich enttäuschte Benutzer gesprochen, die feststellen mussten, dass zum Abmischen der nacheinander aufgenommen 16 Audiospuren nur jeweils eine zweifach Klangregelung pro Mischpultkanal zur Verfügung stand oder mit dem aufwendigen Software-Hallgerät bereits 80 % der Systemleistung aufgebraucht waren und somit kein Mischpult mehr benutzbar war. Dies betrifft sowohl reine Computersysteme als auch solche, die mit zusätzlicher DSP-Hardware (DSP = Digital Signal Processor) arbeiten, um den Prozessor (CPU) des Computers zu entlasten.

Auch die populär gewordene Erhöhung der Wortbreite und Samplingfrequenz bei der Aufnahme von Audiosignalen erfordert ein erhöhtes Maß an Rechenleistung. Dies ist ebenfalls nur auf Kosten anderer Funktionen möglich.

Erweiterbar?

Einige Hardware-basierende Systeme lassen sich mit nicht unerheblichen Zusatzkosten aufrüsten, um mit zusätzlicher DSP-Leistung den gestiegenen Ansprüchen an die Zahl von Features und Möglichkeiten wieder gerecht zu werden. In anderen Fällen hilft nur, den Traum vom kompletten virtuellen Studio zunächst zu begraben und zusätzliche externe Geräte in das System zu integrieren, um auf diese Weise Rechenleistung auszulagern.

2.3.1 Das Computer-Studio mit Zusatz-Hardware

Computer als Bedienkonsole

Grundsätzlich lassen sich zwei Methoden unterscheiden, Audiodaten mit Hilfe von Computern zu bearbeiten. Zum einen kann der Computer eine Art Fernbedienung sein, über die ein externes System kontrolliert wird, in dem die eigentliche Bearbeitung und Speicherung der Audiodaten stattfindet. Solche Systeme stellen weniger hohe Anforderungen an den verwendeten Computer, dieser stellt nur das User-Interface dar, das die Bearbeitung durch eine Bildschirmdarstellung der Audiodaten in Wellenform und eine benutzerfreundliche Menuführung erleichtert.

Solche Harddisk-Recordingsysteme werden von verschiedenen Herstellern angeboten und haben einen deutlich höheren Preis als Systeme, bei denen die Audiobearbeitung im Rechner selbst vom Rechner-eigenen Prozessor durchgeführt wird. Dabei spielt es keine Rolle, ob die für die Audiobearbeitung zuständigen Prozessoren in einem externen Gehäuse oder auf Zusatzkarten im Rechner untergebracht sind. Wichtig ist, ob zum Beispiel die Verwaltung des Festplattenspeichers von der Zusatzhardware oder vom Hostrechner erledigt wird.

Prominentes Beispiel für solche Systeme ist das Harddisk-Recordingsysteme R.Ed. der Firma Soundscape. Eine externe 19"-Einheit enthält neben den DSPs auch die Festplatten, auf denen die Audiodaten gespeichert werden, die Kommunikation mit dem als Host bezeichneten Rechner erfolgt über eine Einschubkarte. Auch Digidesigns Pro Tools basiert auf einem ähnlichen System.

Die Leistung dieser Systeme hängt von der Leistungsfähigkeit der Hardware ab, die die Audiobearbeitung übernimmt. Sowohl für das Soundscape-System als auch für Pro Tools sind DSP-Erweiterungen erhältlich, falls die Rechenleistung nicht ausreichen sollte. Dieser Punkt ist leider meist schneller erreicht, als man als Anwender zunächst annimmt. Man sollte deshalb die höheren Kosten für die DSP-Erweiterungen bei der Planung eines neuen Systems mit berücksichtigen.

Betriebssicherheit

Den Systemen mit zusätzlicher externer DSP-Hardware wird eine höhere Betriebssicherheit und Stabilität zugeschrieben als den im folgenden beschriebenen reinen Computer-Systemen, da eine eigens für die speziellen Aufgaben zuständige Software und Hardware vorhanden ist. Sie muss keine der üblichen Zusatzaufgaben erledigen, die in einem Computer ansonsten permanent anstehen. Mit diesen Hardwaresystemen treten deshalb in der Regel weniger Probleme auf.

2.3.2 Die native Lösung: Der Computer als virtuelles Studio

Bei der zweiten Möglichkeit der Audiobearbeitung und Speicherung übernimmt der Computer die gesamte Arbeit. Eine zusätzliche Hardware dient lediglich dazu, die Audiodaten analog/digital zu wandeln und so vorzubereiten, dass sie vom Computer übernommen werden können. Diese zusätzliche Hardware kann im einfach-

Soundkarte als Audio-Interface

sten Fall eine Soundkarte sein, die über einen AD-Wandler und einen DA-Wandler verfügt. Sie stellt damit eine sehr preiswerte Lösung dar. Solche Systeme gewinnen immer mehr an Bedeutung, da immer leistungsfähigere Computer immer weniger auf die Unterstützung externer Elektronik angewiesen sind. Sie werden als native Systeme bezeichnet.

Latenz

Das Hauptproblem solcher Systeme stellt die Bearbeitungszeit der Daten im Rechner dar. Wie diese Latenz zu stande kommt und wie mit diesem Problem umzugehen ist, wird in einem späteren Kapitel besprochen. An dieser Stelle soll nur kurz erwähnt werden, dass man unter Latenzzeit die Zeit versteht, die ein Signal benötigt, um vom Audioeingang des Systems nach den nötigen Bearbeitungsschritten im Rechner wieder an Ausgang hörbar zu werden. Um diese grundsätzlich immer vorhandene Bearbeitungszeit zumindest für dem Monitorweg zu verringern oder zu eliminieren, verfügen fast alle für den Recordingbereich gedachten Soundkarten mittlerweile über einen internen Mixer, in dem die Eingangssignale im Aufnahmemodus mit den bereits aufgenommenen Signalen gemischt und am Ausgang wiedergegeben werden können. Ein solcher Mixer, der die Audiosignale auf der Soundkarte bearbeitet und dadurch die Latenzzeiten des Rechners vermeidet, benötigt DSP-Hardware auf der Soundkarte. In diesen DSP-Chips ist der Mixer entweder als so genannte Firmware fest programmiert vorhanden oder die Mixersoftware wird beim Laden des Systems in einen frei programmierbaren DSP-Chip geladen.

Direct Minitoring

Die Speicherung der Audiodaten erfolgt auf der Festplatte des Rechners, die Verwaltung der Daten muss vom Rechner selbst vorgenommen werden. Dieser Umstand sorgt dafür, dass die Anzahl der gleichzeitig aufnehmbaren oder abspielbaren Audiospuren von der Gesamtbelastung des Rechners abhängt und sich deshalb verringert, wenn zum Beispiel im Remix viele Software-Effektgeräte, Kompressoren und andere Bearbeitungsgeräte verwendet werden sollen. Für ein natives System sollte also immer der leistungsfähigste Rechner verwendet werden, der zur Verfügung steht. Dieser Tatsache haben sich einige Firmen angenommen und stellen speziell für Audioanwendung optimierte Computer zusammen. Auch hier gilt jedoch im übertragenen Sinne das alte Gesetz der analogen Studiotechnik: Egal, ob die Bandmaschine 8, 16 oder 24 Spuren hat, es ist immer eine Spur zu wenig.

2.3.3 Das „Zwittersystem“: Computer mit zusätzlichen DSP-Karten

Eine Lösung, die Leistung eines Computers zu unterstützen, besteht in der Verwendung von Audiokarten, die zusätzliche digitale Signalprozessoren enthalten. Solche DSPs entlasten den Prozessor des Hostrechners, indem sie rechenintensive Aufgaben übernehmen. Der Rechner kann sich dadurch zum Beispiel mit der Speicherverwaltung beschäftigen, während in den DSPs gleichzeitig ein Hall berechnet wird. Auch die Verzögerungszeiten, die durch die Berechnung von Effekten oder die Dynamikbearbeitung des Signals durch den Prozessor des Rechners entstehen, lassen sich so reduzieren. Beispiele für diese Idee sind die Karten von Creamware Audio oder die Karte TC-Powercore, die über einen Onboard-Mixer, eigene Effekte und ein latenzfreies Routingsystem verfügen. Abbildung 8 zeigt die grafische Darstellung des Surround-Mixers einer Creamware-Karte. Leider gibt es keine Karten, deren DSPs die Berechnung von so genannten PlugIns ermöglichen, die für eine andere Software geschrieben wurden. Man ist also immer auf die Effekte, Instrumente, Mischpulte und Bearbeitungsgeräte beschränkt, die der Hersteller der Karte liefert.

Outsourcing

Abbildung 8: Virtuelles Surround-Mischpult der Creamware-Software

Wenn es um die Planung und Anschaffung eines neuen Systems geht, steht also eine Entscheidung an: Einerseits kann die Nutzung einer preiswerteren I/O-Karte zusammen mit vielen, zum Teil sogar als Shareware oder Freeware erhältlichen Software-Effekt-PlugIns eine größere Flexibilität liefern. Andererseits wird dadurch das Latenzproblem zu einem ernsten Störfaktor, der weitgehend eliminiert werden kann, wenn eine Hardware mit eigenen DSPs, eigener Mixersoftware und Effekt-Bibliotheken verwendet wird. Ein weiterer

Vorteil dieser nicht zu 100% nativen (reinen Software-basierenden) Lösung ist, dass nicht unbedingt ein Rechner mit NASA-Spezifikationen benötigt wird, um genügend Aufnahmespuren zu erhalten, da die CPU des Rechners von den DSPs der Karte stark entlastet werden kann.

2.3.4 Audio und MIDI auf dem gleichen Rechner

Wenn von einem virtuellen Studio die Rede ist, muss natürlich auch der Sequenzer zur MIDI-Steuerung der Tonerzeuger auf dem gleichen Rechner betreiben werden, auf dem auch die Audiobearbeitung stattfindet. Einige Audio-Recordingsysteme beinhalten deshalb inzwischen einen Sequenzer (z.B. Pro Tools, Pyramix und andere). Andererseits wurden in der Vergangenheit viele Sequenzerprogramme um einen Audioteil erweitert (Steinberg Cubase VST oder SX, Emagic Logic und andere).

Wie so oft gilt auch hier die Weisheit „Viele Köche verderben den Brei“. In Falle der gleichzeitigen Bearbeitung von MIDI- und Audio-Daten durch das Betriebssystem bedeutet jede Mehrbelastung oft auch eine Verschlechterung der MIDI-Timings. In großen Studio-Systemen werden deshalb oft getrennte Rechner für den MIDI-Sequenzer und die Audiospeicherung- und Bearbeitung verwendet, die mittels MIDI-Timecode direkt miteinander synchronisiert werden oder mittels MIDI via LAN auch in größerer Entfernung voneinander betrieben werden können. Auch wenn der Sequenzer MIDI- und Audiobearbeitung übernimmt und die Systeme deshalb nicht getrennt werden können, sollte zumindest die Berechnung der vom Sequenzer gesteuerten virtuellen Instrumente auf einem eigenen Rechner betrieben werden, das sie dem Prozessor einigen an Arbeit abverlangt.

2.3.5 Die Wahl des Speichermediums Harddisk: IDE oder SCSI?

Im Gegensatz zu den Kompaktstudios hat der Anwender im Falle eines Komplettstudios auf Basis eines Standard-Computers der Wahl des Systems für die benutzten Harddisks. Die Diskussion, ob IDE oder SCSI die bessere Wahl sei, wird schon lange geführt und wohl erst dadurch beendet, dass ein neues, schnelleres System die Vorteile beider Konkurrenten in sich vereint. Dies könnte zum Beispiel IEEE 1493 sein, im allgemeinen als FireWire bezeichnet, obgleich dies lediglich eine von Apple zunächst für die Übertragung von Videodaten erfundene Produktbezeichnung ist.

Moderne ATA-100-Platten erreichen zwar durchaus die Datentransferraten von SCSI-Platten, dies ist allerdings nur ein Kriterium unter vielen, die bei der Auswahl beachtet werden sollten. Die Ansprüche, die in der Audioanwendung an Festplatten gestellt werden, sind mit denen im Bürobetrieb nicht zu vergleichen, weshalb Begriffe wie Drehzahl oder Zugriffszeit alleine nur wenig über die Praxistauglichkeit in einem Audio-Computer aussagen. Um eine Entscheidung zwischen den beiden Systemen treffen zu können, sind beide im Folgenden kurz beschrieben.

IDE bedeutet Integrated Drive Electronics (auch bekannt als ATA) und ist die am weitesten verbreitete Art, Festplatten, CD-ROM-Laufwerke oder DVD-ROM-Laufwerke anzuschließen. Nahezu alle Macintosh-Computer und PCs sind mit einem IDE-Controller als Standard ausgestattet. Man kann mehrere Arten von IDE Interfaces unterscheiden:

1) **Enhanced IDE (E-IDE).** Die meisten CD-ROM-Laufwerke benutzen dieses ältere Design. Festplatten aus den Jahren 1994 bis 1997 waren meist E-IDE-Platten.

2) **UltraDMA** (auch DMA-33, Ultra33 oder ATA 33 genannt) Die meisten Festplatten mit einem Produktionsdatum von 1997 bis zu Mitte des Jahres 1999 waren UltraDMA-Platten.

3) **ATA-66** (Ultra 66 oder DMA-66) Platten der Jahre 1999 bis 2000.

4) **ATA-100** ist der aktuelle Stand der Technik. Mit einer Datentransferrate von 100 MB pro Sekunde sind ATA-100-Systeme genauso schnell wie aktuelle Ultra-160-SCSI-Festplatten. Wenn also das Ziel ist, schnellste Performance für möglichst wenig Geld zu erhalten, sind moderne IDE-Platten besser als aktuelle SCSI Festplatten. Aber diese preiswerte Geschwindigkeit hat ihren anderen, nicht finanziellen Preis:

CPU-Belastung

Ältere Versionen von IDE benutzten ein Protokoll, das als „PIO“ (programmable Input/Output) bezeichnet wurde, um den Datentransfer zu kontrollieren. PIO benutzt die CPU des Computers und bindet damit einen Teil der Aufmerksamkeit der CPU. Um dies zu ändern, wurde mit der Bezeichnung Bus-Mastering ein Protokoll eingeführt, bei dem das angeschlossene Gerät selbst die Logistik für eingehende und ausgehende Daten verwaltet und so die CPU von dieser Aufgabe entlastet. UltraDMA (ATA-33) war die erste IDE-Version, die das Bus-Mastering-Protokoll unterstützte. Trotz neuster Treiber ist jedoch bei Tests eine höhere Belastung der CPU bei Festplattenzugriffen festgestellt worden, was eigentlich durch Bus-Mastering und DMA (Direct Memory Access) nicht mehr der Fall sein sollte. Dies ist auch leicht feststellbar, wenn die in Recording-Software oft vorhandene Anzeige der CPU-Auslastung beobachtet wird. Sie schlägt bei häufigen Festplattenzugriffen deutlich aus.

Zwei Kanäle, vier Geräte

Jeder IDE-Kanal erlaubt den maximalen Anschluss von zwei Geräten, einem Gerät als Master, einem zweiten Gerät als Slave. In der Regel verfügt ein Controller über zwei Kanäle. Dies trifft auf PC-Motherboards mit IDE-Controllem und Power Macs G4 zu, bei dem ebenfalls zwei ATA-66-IDE-Kanäle vorhanden sind. An einen Kanal ist die Festplatte als Master angeschlossen, am anderen Kanal das DVD-ROM- oder DVD-RAM-Laufwerk ebenfalls als Master. Wie in einem PC können also auch hier insgesamt vier Geräte angeschlossen werden.

Interrupts

IDE-, E-IDE- oder Ultra-IDE-Festplattencontroller benötigen für jeden IDE-Kanal einen Interrupt-Request (IRQ). Man kann sich IRQs als Haltepunkte vorstellen, an denen das Betriebssystem auf seiner ständigen Rundreise durch den Computer kurz stehen bleibt, um nachzufragen, ob hier Aktivitäten nötig sind. Insgesamt stehen 16 solcher IRQs zur Verfügung. Die größte Anzahl dieser 16 IRQs wird bereits durch Systemkomponenten wie Floppy-Controller, Schnittstellen-Controller etc. belegt, was die Anzahl der möglichen Erweiterungen wie Audiokarten stark einschränkt. ATA-66- und ATA-100-Controller benötigen nur noch einen IRQ gemeinsam für beide Kanäle, also für den Anschluss von vier Geräten. Dies entspannt die Lage zwar um einen nun wieder freien IRQ, ändert aber nichts am grundsätzlichen Problem. Leider sehen IDE-Controller keinen Anschluss externer Geräte vor. Dies hat sich auch mit Einführung von ATA-66- oder ATA-100-Controllern nicht geändert.

15 Geräte, 1 Interrupt

SCSI: Wie sieht die Situation beim SCSI (Small Computer System Interface) aus? Als erstes sei gesagt, dass ein SCSI-Controller nur einen IRQ belegt, obwohl an einen Ultra2Wide-Controller, auch als LVD (Low Voltage Differenzial) oder Ultra-160-Controller bekannt, bis zu 15 SCSI-Geräte angeschlossen werden können.

Jedes Gerät erhält eine SCSI-Identifikationsnummer (SCSI-ID) von null bis 15, wobei der Controller selbst die ID 7 belegt. Dies bedeutet, es können z.B. zwei Festplatten, ein DVD-ROM und ein CD-Brenner angeschlossen werden, zusätzlich externe Geräte wie Scanner oder ZIP Drives und bis zu acht weitere Geräte. Alle zusammen benötigen nur einen IRQ. Wenn ein PC so konfiguriert ist, dass er von einer SCSI Festplatte bootet, also sein Betriebssystem nach dem Einschalten von einer SCSI-Platte lädt und keine IDE-Geräte installiert sind, kann der IDE-Kontrolleur deaktiviert werden. Dadurch stünden die IRQs 14 und 15, die normalerweise vom IDE-Controller belegt sind, für weitere Audio-Erweiterungen zur Verfügung. Wenn nun auch zum Beispiel der Scanner und externe Drives nicht über den USB-Port angeschlossen sind, kann auch der USB-Controller deaktiviert werden und ein weiterer IRQ steht zur Verfügung. IRQ-Konflikte würden damit der Vergangenheit angehören.

Auch die Erweiterung eines bestehenden Systems durch einen PCI-SCSI-Controller ist problemlos möglich. Dies gilt auch für Apple Mac G4, nicht aber für iMac und G4 Cube, diese Modelle verfügen nicht über PCI-Slots.

Eine weitere Überlegungen ist die, dass auch ATA-66- und ATA-100 trotz Bus-Mastering die CPU des Computers mehr belasten als ein SCSI-Controller.

Zusammengefasst ergibt sich folgendes Bild: Moderne ATA-100-Festplatten mit Drehzahlen von 7200 U/min erlauben Datenraten zwischen 60 und 100 MB pro Sekunde und stehen damit SCSI-Platten in der Geschwindigkeit nicht nach. IDE-Controller ermöglichen aber leider nur den Anschluss von vier Geräten, an einen SCSI-Controller können bis zu 14 Geräte angeschlossen werden, zudem ist nur am SCSI-Interface der Anschluss externer Geräte möglich. Auch die CPU-Belastung spielt eine Rolle bei der Wahl zwischen SCSI und IDE. Selbst mit aktuellen Treibern und trotz DMA war bei Tests die CPU-Belastung bei Benutzung von IDE-Platten deutlich höher als bei der Anwendung eines SCSI-Controllers. Es scheint also so zu sein, dass SCSI für eine professionelle Anwendung im Audiobereich nach wie vor eine Überlegung wert ist, wenngleich dieses Interface in der normalen Computeranwendung mehr und mehr in den Hintergrund gedrängt wird.

2.3.6 Das virtuelle Studio, kurz und bündig

- Günstigerer Preis gegenüber Einzelgeräten mit gleichen Funktionen
- Betriebssicher, wenn entweder eine spezielle Hardware oder als natives System ein für Audioanwendung optimierter Rechner verwendet werden
- Flexibel, durch Software und Hardware erweiterbar
- Komfortable Bedienung
- Geringer Platzbedarf ermöglicht „Wohnraum-Studio"
- Backup nötig, wenn Produktionen archiviert werden sollen
- Mögliche Leistung schwer kalkulierbar
- Probleme lassen sich meist nicht ohne Computerkenntnisse beheben
- Auf zusätzlicher DSP-Hardware läuft nur die Software des jeweiligen Herstellers

2.4 Mehrspur-Recorder auf Harddisk-Basis

Harddisk-Recorder für Mehrspur-Aufnahmen sind seit langer Zeit am Markt. Eine der ersten Firmen, die solche Geräte entwickelte, war die Firma Fostex, auch Akai und Yamaha folgten bald. Zunächst für den semiprofessionellen Anwender gedacht, gibt es heute Geräte in jeder Preisklasse und für alle Anwendungsbereiche, wenngleich auch das Angebot inzwischen wieder geschrumpft ist. Da wir nun Einzelgeräte besprechen, die in ein Gesamtsystem integriert werden müssen, ist eine der wichtigsten Eigenschaften solcher Geräte die Fähigkeit, in einem komplett digital arbeitenden Studiosetup auf verschiedene Arten zu den anderen Geräten synchron arbeiten zu können. Drei verschiedene Arten der Synchronisation müssen hierbei unterschieden werden:

Synchronisation

2.4.1 Synchronisations-Arten

Spurenerweiterung

1) Die Synchronisation mehrerer Recorder untereinander zu Erweiterung der Spurenanzahl. Dieses Feature wird von praktisch allen aktuellen Geräten geboten.

MIDI-Synchronisation

2) Die Synchronisation innerhalb eines Audio/MIDI-Verbundes. In den meisten Fällen ist es ausreichend, wenn der Mehrspurrecorder MIDI-Timecode abgeben kann. Ein Sequenzer kann dann zu diesem MIDI-Timecode als Slave synchron laufen. Auch diese Möglichkeit wird von allen Geräten geboten. Nur in speziellen Anwendungen wie z.B. der Film- und Video-Nachvertonung ist

es nötig, den Mehrspurrecorder als Slave zu SMPTE- und/oder MIDI-Timecode zu synchronisieren. Dies ist bei einigen Geräten als Standard möglich, bei anderen muss eine zusätzliche Synchronizerkarte angeschafft werden.

3) Die Synchronisation der internen Clock zu anderen Geräten innerhalb eines digitalen Studios. Um digitale Daten von einem zum anderen Geräten übertragen zu können, muss der interne Takt aller beteiligten Geräte zueinander synchron sein. Man spricht hierbei von Wordclock-Synchronisation. Je nachdem, welche Geräte zusammenarbeiten sollen, kann es nötig werden, einen digitalen Mehrspurrecorder entweder als Wordclock-Master oder als Slave zu betreiben.

Clock-Synchronisation

Mehr zum Thema Wordclock-Synchronisation folgt im Abschnitt über die theoretischen Grundlagen der digitalen Audiotechnik. Einige, meist preiswerte Geräte können nur nach Zukauf einer Synchronizerkarte als Slave zu externem Takt betrieben werden. Ohne eine solche Erweiterung ist die Einbindung dieser Geräte in ein digitales Studio oft schwierig. Beziehen Sie also diese Zusatzkosten bei Ihrer Budgetplanung gleich mit ein.

2.4.2 Welche digitalen Schnittstellen werden benötigt?

Eng zusammenhängend mit der Frage nach den Synchronisationsmöglichkeiten stellt sich die Frage nach der Art der Übertragung von digitalen Audiodaten zwischen den verschiedenen Geräten des Studios. In Bezug auf digitale Mehrspurrecorder ist hier wohl das Zusammenspiel mit dem Mischpult am wichtigsten. Zwei Mehrspurformate haben sich als Standards durchgesetzt. Das von Alesis stammende ADAT-Format mit einer Datenübertragung auf Lichtleitern und das Tascam-Format TDIF, das kabelgebunden arbeitet. Beide Formate können jeweils 8 Kanäle auf einem Lichtleiter oder Kabel übertragen, wobei das TDIF-Format je 8 Kanäle in beiden Richtungen, also acht Eingangs- und acht Ausgangssignale in einem Kabel transportiert, während man beim ADAT-Format für Eingänger und Ausgänge je einen Lichtleiter benötigt.

ADAT

TDIF

Die Geräte verschiedener Hersteller sind oft standardmäßig mit dem einen oder anderen Format ausgerüstet, andere Geräte enthalten keine Schnittstellen. Diese sind dann als optionale Zusatzkarten erhältlich. In einem komplett digitalen Studio ist es vorteilhaft, Geräte zu suchen, die keine Wandler zur analogen Welt enthalten, sondern als Standard nur mit digitalen Ein- und Ausgängen ausgestattet sind. So erspart man sich die Ausgabe für die AD- und DA-Wandier, die ja meist sowieso ungenutzt bleiben würden. Einzelheiten über Funktion, Vor- und Nachteile der digitalen Audioformate und Hilfen zur Bewältigung von Problemen finden Sie in späteren Kapiteln dieses Buches. Für die Planung sei hier nur erwähnt, dass bei der Übertragung von digitalen Signalen die Entfernungen nicht sehr groß sein können. Tascam gibt für das TDIF-Format bei Verwendung der Originalkabel eine maximale Entfernung von 15 Metern an. Mit preiswerten Kunststoff-Lichtleitern, wie sie beim ADAT-Format Verwendung finden, ist selbst diese Entfernung oft schon kritisch.

2.4.3 Aufnahmekapazität und Erweiterbarkeit

Ein weiteres wichtiges Kriterium für die Auswahl eines HD-Mehrspurgeräts ist die Frage, wie die Aufnahmekapazität des Recorders erweitert werden kann. Hierzu gilt, was bereits bei den Kompaktstudios und Komplettstudios auf Basis eines Rechners erörtert wurde. Hier noch einmal kurz die Fragen, die geklärt werden müssen:

Fragen zum Speichermedium

- Wie groß kann eine Partition im jeweils verwendeten Festplattenformat sein?
- Ist ein SCSI-Controller für die Erweiterung mit externen Festplatten vorhanden?
- Wie umfangreich und vor allem wie aktuell ist die Liste der verwendbaren, zum SCSI-Controller kompatiblen Festplatten?
- Ist die Software des Gerätes in der Lage, kontinuierlich über die Partitionsgrenzen der Festplatte hinweg aufzunehmen?
- Ist die Software des Gerätes in der Lage, kontinuierlich über die Grenzen mehrerer Festplatten hinweg aufzunehmen?

2.4.4 Kompatibilität und Datenaustausch

Im Zusammenhang mit dem Format der auf der Festplatte gespeicherten Daten folgt die nächste Frage: Sollen Daten mit anderen Studios ausgetauscht werden? Was bei Verwendung von analogen Bandmaschinen noch selbstverständlich war, ist bei Benutzung von digitalen Mehrspurrecordern meist nur innerhalb der Gerätefamilie eines Herstellers möglich: der Austausch von Datenträgern und das weitere Bearbeiten von Aufnahmen in einem anderen Studio. Die Frage, ob dies nötig ist, stellt sich bei Verwendung eines Kompaktstudios weniger häufig, notfalls kann das komplette Studio in andere Räume mitgenommen werden. Bei einem modular aus Einzelgeräten bestehenden Studio wäre es äußerst umständlich, Mehrspurmaschinen immer abkabeln und aus einem Rack ausbauen zu müssen, wenn Daten transportiert werden sollen. Um die Schwierigkeit für den Austausch von Audiodaten zu erkennen, muss man wissen, wie Daten grundsätzlich auf Festplatten aufgezeichnet werden.

Festplattenstruktur

Die normale Art der Speicherung auf Festplatten verteilt die zu speichernden Daten beliebig auf freie Sektoren der Festplatte und hinterlegt den Speicherort als Adresse in einem Inhaltsverzeichnis (FAT = File Allocation Table).

Dies trifft auch auf Audiodaten zu. Sie werden also nicht kontinuierlich in ihrer zeitlichen Abfolge gespeichert, sondern sind an vielen Lagerplätzen auf der Festplatte verteilt. Bei jedem Verändern der Daten werden neue Datenfiles irgendwo auf der Festplatte gespeichert. Diese Methode ermöglicht ein nichtdestruktives Bearbeiten der Audiodaten, da die alten Daten nicht mit den geänderten Daten überschrieben werden.

Play-Listen

In der so genannten Play-Liste wird statt dessen der Aufenthaltsort, die Speicheradresse, des alten Audiofiles durch die des neuen ersetzt, beim Abspielen werden nun die neuen, geänderten Audiodaten zu hören sein. Bis heute verwendet fast jeder Hersteller sein eigenes Format für diese Play-Listen.

Hinzu kommt, dass je nach gebotenen Features neben den Adressen und der Abspiel-Reihenfolge der Audiodaten zusätzliche Daten abgespeichert werden müssen. So ermöglichen zum Beispiel einige Recorder, Audiosignale ein oder auszublenden. Auch die Daten hierüber werden in einem Hersteller-spezifischen Format gespeichert, so dass eine Kompatibilität zwischen Geräten verschiedener Hersteller bisher nur bei ganz wenigen Geräten zu finden war. Einer dieser seltenen Fälle von Kompatibilität wird bei Tascam dadurch erreicht, dass die Formate von weit verbreiteten anderen Herstellern in eigene Geräte integriert wurden. So kann zum Beispiel der Recorder MMR-8 von Tascam unter anderem das für Pro Tools verwendete Format „Sound Designer II" (SDII) schreiben und lesen und sowohl mit Mac- also auch mit PC-Festplatten arbeiten. Die Kompatibilität betrifft dabei auch die Daten des virtuellen Mischpultes des Pro-Tools-Systems, so dass zum Beispiel am Computer programmierte Überblendungen zwischen zwei Audioblöcken oder auch Spuren und Fades vom MMR-8 ausgeführt werden können. Dieser seltene und leider auch kostspielige Fall ermöglicht umgekehrt auch, dass die Audiodaten auf einer Wechselplatte, im Tascam MMR-8 aufgenommen, in einem Pro-Tools-System weiter bearbeitet werden können. Tascam verwendet im MMR-8 dazu Wechselplattenträger mit SCSI-Schnittstelle.

Mackie geht für seinen HD-Recorder HDR 24/96 einen anderen Weg. Mit der zusätzlichen Software HDR Pro wird ein Daten-Konvertierungsprogramm angeboten, das die im Broadcast-Wave-Format aufgenommenen Audiofiles in das bei Pro Tools verwendete Format Sound Designer II umwandeln kann.

WAVE-Format

Eine weitere Möglichkeit zur Kompatibilität, wenn auch zu einem geringeren Grad, bietet das WAVE-Format, ein im PC-Bereich übliches digitales Audioformat. WAV-Dateien beinhalten nur Audiodaten ohne Zusatzinformationen, können aber gerade deswegen von fast allen Software-Harddiskrecordern wie Steinberg Cubase SX importiert werden. Einige Stand-Alone-Harddiskrecorder können Daten im WAVE-Format aufnehmen, so dass sie später zur Weiterbearbeitung in einen PC übernommen werden können. Da jedoch keine Information über die zeitliche Reihenfolge oder Spurenzuordnung der einzelnen WAVE-Dateien mit abgespeichert wird, müssen diese Zuordnungen am PC erneut vorgenommen werden. Nehmen wir an, ein Gitarrensolo wurde auf einen Stand-Alone Harddiskrecorder aufgenommen, zu dem der Sequenzer mit Schlagzeug und Bass während der Aufnahme mittels MIDI-Timecode synchronisiert parallel lief. Wenn das so aufgenommene WAV-File auf eine Audiospur des Sequenzers importiert wird, fehlt jede zeitliche Zuordnung. Das Solo kann auf der Zeitachse frei verschoben werden und muss „von Hand" an der zeitlich richtigen Stelle platziert werden. Dies ist der Grund, weshalb oben von einem geringeren Grad an Kompatibilität gesprochen wurde. Weitere Informationen zu den verschiedenen File-Formaten finden Sie im Kapitel 4.3. Hier wird auch eine Erweiterung des WAVE-Formats erläutert, das Broadcast-Wave Format, in dem durch eine Erweiterung zusätzliche Daten wie Timecode, Produktionsdatum und anderes enthalten. Auch dieses Format wird von einigen Harddiskrecordern unterstützt.

Land in Sicht oder: Das AES31-Format

Der neue Standard?

Im September 2000 wurde während der AES in Los Angeles, einem Kongress mit Ausstellung zu professioneller Audiotechnik, das AES31-Format zum ersten Mal der Öffentlichkeit vorgestellt.

Es handelt sich hierbei um die Normierung eines digitalen Audioformates, das wieder wie in analoger Zeit einen problemlosen Austausch von Audiodatenträgern ermöglichen soll. Das Format beinhaltet auch Daten zu Audiofades, Edits und anderen Bearbeitungsschritten in Textform, die leicht in jedem System bearbeitet werden können. Es ermöglicht die Übertragung von Files im BWF (Broadcast Wave Format), deren zeitliche Zuordnung mit Sample-Genauigkeit erfolgt. Einer der ersten Hersteller, der dieses Format integrierte, war Sadie. Alle Sadie-Workstations können bereits AES31-Format lesen, schreiben und weiter bearbeiten. Andere Hersteller folgten diesem Beispiel. Es besteht also die Hoffnung, dass in Zukunft ein Datenaustausch auch von digitalen Audiodaten ebenso selbstverständlich ist, wie dies in der Analogära der Fall war, wenngleich immer noch nicht alle Teile des AES31-Formats endgültig verabschiedet sind (Stand Aug. 2003). Näheres zum AES31-Format können Sie im Kapitel 4.3.3 nachlesen.

2.4.5 Höchste Audioqualität im 24 Bit/96 kHz-Aufzeichnungsformat

Alle Hersteller bieten zumindest ein Gerät an, das (bei einigen erst nach einem Software-Update) im 24 Bit/96-kHz-Format aufnehmen kann, das mit der Einführung von DVD-Audio bekannt wurde. Gegenüber dem zur Zeit noch aktuellen CD-Audio-Format mit 16 Bit und 44,1 kHz benötigt die Aufzeichnung mit 24 Bit Wortbreite und 96 kHz Samplefrequenz ungefähr den 2,3fachen Speicherplatz.

Halbierte Spurenanzahl

Wenn zwischen beiden Betriebsarten umgeschaltet werden kann, wird im 24-Bit/96-kHz-Aufzeichnungsmodus die mögliche Spurenanzahl halbiert. Dies ist auch deshalb nötig, weil die oben genannten digitalen Schnittstellen ADAT und TDIF im Falle einer 24-Bit/96-kHz-Übertragung nur noch die halbe Kanalzahl bewältigen können, also nur noch vier Spuren übertragen.

Ob es zur Zeit sinnvoll ist, mit 24 Bit und 96 kHz zu produzieren, hängt davon ab, was als Endprodukt geplant ist. Für eine CD-Produktion kann man bei der Aufnahme sicher auf den Vorsprung an Audioqualität verzichten, von dem nach einer Konvertierung auf 16

Bit und 44,1 kHz sowieso nur noch ein Teil erhalten bleibt. Außerdem gibt es zur Zeit noch sehr wenige digitale Effektgeräte, die das 24-Bit/96-kHz-Format verarbeiten können, ebenso sind MIDI-Tonerzeuger mit Digitalausgang in diesem Format sehr selten. So wird das Format derzeit meistens bei Produktionen verwendet, die komplett in einer Workstation, also innerhalb eines Gerätes oder Computers erledigt werden können und deren Quelle Live-Mitschnitte im 24 Bit/96-kHz-Format waren.

2.4.6 Editierfunktionen am Mehrspur-Recorder

Workstation-Funktionalität

Einige Harddiskrecorder wie zum Beispiel die Geräte MX-2424 und MMR-8 von Tascam und der Recorder HDR24/96 des Herstellers Mackie bieten die Möglichkeit, Audiodaten wie bei einer Computer-Workstation grafisch zu editieren. Der Recorder HDR24/96 vom Mackie basiert auf einem Pentium-Motherboard und bietet deshalb den direkten Anschluss einer Maus und eines Bildschirms für diesen Zweck. Die Geräte von Tascam verfügen über einen Ethernet-Netzwerkanschluss und können so untereinander und mit einem Computer verbunden werden, auf dem dann die Editiersoftware betrieben wird. Die Geräte bieten damit einen Teil der Funktionalität von Audio-Workstations auf Computerbasis und verbinden so das Beste aus zwei Weiten miteinander. Zum einen spricht man, wie im Abschnitt über Computer-Komplettstudios schon gesagt, Einzelgeräten als Spezialisten die höhere Betriebssicherheit zu, andererseits war der Bedienungskomfort und die Möglichkeit des grafischen Editierens von Audiodaten am Bildschirm bisher ein Privileg der Systeme auf Computerbasis. Obwohl hier Features von Computersystemen wie internes Mischpult und die Verwendung von PlugIn-Effektgeräten fehlen, stellt diese Lösung doch einen sehr guten Kompromiss dar.

2.4.7 Harddisk-Mehrspur-Recorder, kurz und bündig

- Hohe Betriebssicherheit.
- Einfache Erweiterung der Spurenanzahl durch Synchronisation mehrere Geräte
- Durch Ausgabe von MIDI-Timecode als Master für Sequenzer geeignet
- Oft durch Einsatz eines Synchronizerboards auch als Slave verwendbar
- Einfache Bedienung
- Backup nötig, wenn Produktionen archiviert werden sollen

- Nur mit SCSI-Schnittstelle durch externe Festplatten erweiterbar
- Datenkompatibilität meist nur zu Geräten gleichen Typs
- Bedingte Datenkompatibilität durch WAV- oder Broadcast-WAV-Format
- Durch AES31-Format zukünftig Kompatibilität zwischen verschiedenen Herstellern möglich

2.5 Bandgestützte Recorder

2.5.1 Mehrspur-Recorder

Bandgestützte digitale Mehrspurrecorder sind offiziell nach wieder eingestellten Vermarktungsversuchen von Sony, Fostex und Studer noch von zwei Herstellern am Markt, von Teac/Tascam und Alesis.

Sterbende Gerätegattung

Alesis hat nach einer Restrukturierung die Aktivitäten für dieses Marktsegment stark eingeschränkt, so dass als letzter verbleibender aktiver Hersteller Tascam Geräte dieser Gattung anbietet. Nachdem Alesis das Rennen um die Gunst der Studiowelt mit dem ADAT-1-Format eröffnet hatte, folgte etwa ein Jahr später Tascam mit dem DTRS-Format. Beide Formate nehmen wie Videorecorder und DAT-Recorder im Schrägspurverfahren mit einer rotierenden Kopftrommel auf. Die Gründe hierfür und einige Informationen zur Funktionsweise können Sie im Abschnitt über DAT-Recorder nachlesen. Auf die technischen Unterschiede zwischen den beiden Verfahren möchte ich in diesem Buch nicht näher eingehen, beide Verfahren haben sich als funktionsfähig und zuverlässig am Markt etabliert. Wegen der günstigeren Gerätepreise ist das ADAT-Format meist in Musikerkreisen und Projektstudios zu finden, während Tascam sich mit dem DTRS-Format im professionellen Audiobereich und in der Video- und Filmvertonung wegen der besseren Synchronisations-Features als Standard etablieren konnte. Auch die längere Aufnahmezeit von knapp zwei Stunden spricht zum Beispiel bei Live-Mitschnitten für das Tascam DTRS-Format. Wie bei den Kompaktstudios mit entnehmbaren Speichermedien (Minidisk oder Flash-Karten) sind auch die bandgestützten Mehrspurrecorder vor allem deshalb beliebt, weil erstens ein einfacher Datenaustausch möglich ist und zweitens keine Notwendigkeit für ein Backup besteht. So sind High8-Kassetten des DTRS-Formats zum Standard geworden, wenn es um den Austausch von Audiodaten für die Vertonung von Filmen und Video geht. Nach dem Motto „Was ich schwarz auf weiß besitze, kann ich getrost nach Hause tragen" vermittelt es vielen Benutzern ein Gefühl von höherer Sicherheit, nach einer Aufnahme die Kassette aus dem Gerät zu nehmen und in einem Regal oder Schrank in Sicherheit zu wissen.

Höhere Auflösung?

Alle bandgestützten Mehrspurgeräte der ersten Generation zeichneten die Audiodaten mit 16 Bit Wortbreite auf, die Samplefrequenz betrug bei Alesis zunächst nur 48 kHz, bei Tascams DTRS-Format war eine Wahl zwischen 44,1 kHz und 48 kHz möglich. Als die Frage einer höheren Auflösung immer häufiger gestellt wurde, gingen die Entwickler der beiden konkurrierenden Formate unterschiedliche Wege. Für Alesis war eine Auflösung von 20 Bit und 44,1 kHz bzw.48 kHz Samplefrequenz ausreichend, die 20-Bit-Geräte im ADAT Format erschienen dafür früher am Markt.

Tascam erweiterte sein DTRS-Format auf den für eine höhere Auflösung mittlerweile zum Standard gewordenen Wert von 24 Bit: Mit dem Recorder DA-98HR sind auch Aufnahmen mit 96 kHz oder sogar 192 kHz Samplefrequenz möglich. Die höhere Auflösung verringert dabei die Aufnahmezeit nicht, bei einer Verdopplung der Samplefrequenz halbiert sich jedoch die Anzahl der zur Verfügung stehenden Spuren.

Alle Geräte sind 8-Spur-Geräte und können untereinander zu größeren Einheiten synchronisiert werden. Auf den Kassetten wird neben den Audiodaten auch eine Zeitinformation aufgezeichnet. Diese Absolutzeit (ABS-Time) genannte Information wird zur Synchronisation der Geräte untereinander benutzt und kann bei Bedarf auch in SMPTE-Timecode oder MIDI-Timecode umgewandelt und ausgegeben werden, um Sequenzer oder andere Geräte zu synchronisieren.

Größter Nachteil der bandgestützten Geräte ist die Notwendigkeit einer regelmäßigen Wartung und der Verschleiß von Mechanik und Tonköpfen. Meistens muss der Tonkopf nach spätestens 1.500 bis 2.000 Betriebsstunden ersetzt werden, die Betriebskosten sind dadurch deutlich höher als bei Geräten, die auf Festplatten aufzeichnen. So wird diese Gerätegattung das Schicksal aller bandgestützten Aufzeichnungsgeräte wie Videorecorder, Kompaktkassettenrecorder oder analoger Tonbandgeräte teilen und wahrscheinlich in den nächsten Jahren vom Markt verschwinden.

2.5.2 DAT-Recorder

DAT-Recorder sind noch immer die meist gebrauchten digitalen Aufzeichnungsgeräte im Studiobereich. Dies wird wohl auch noch einige Zeit so sein, obwohl das Ende der DAT-Ära wie das aller bandgestützten Systeme bereits absehbar ist. Man kann wohl mit Sicherheit sagen, dass keine neuen Recordermodelle mehr auf den Markt kommen werden. Die Produktion von Laufwerken wurde bereits vor einiger Zeit eingestellt, die Hersteller zehren von Lagerbeständen und vorproduzierten Teilen. Da DAT aber noch einige Zeit das am meisten benutzte, austauschbare Speichermedium sein wird, soll diese Gerätegattung hier trotzdem kurz besprochen werden.

Die Anschlüsse

Alle mir bekannten DAT-Recorder verfügen sowohl über analoge als auch über digitale Audioschnittstellen, die allerdings in unterschiedlicher Form vorkommen. Wie bei allen Studiogeräten hängt auch bei DAT-Recordern die Ausstattung mit Schnittstellen in erster Linie von der Zielgruppe und damit vom Preis ab. Recorder für den HiFi-Markt und semiprofessionelle Anwender verfügen in der Regel nur über unsymmetrische, analoge Eingänge, die mit einem Nominalpegel von -10 dBV arbeiten, in aller Regel werden Cinchbuchsen verwendet. Die digitalen Schnittstellen solcher Recorder arbeiten meistens im SPDIF-Format, das sowohl als elektrische Schnittstelle mit Cinchbuchsen oder als optische Schnittstelle mit einem TOSLink Steckverbinder vorkommt.

Samplerfrequenz beachten

Achtung: Einige ältere Modelle, vorwiegend für den HiFi-Markt gedacht, können nur mit einer Samplefrequenz von 48 kHz arbeiten. Da das Endprodukt einer Produktion meistens eine CD sein soll, die heute noch überwiegend mit 44,1 Kilohertz Samplefrequenz aufgenommen werden soll, sind solche Recorder für den Studienbetrieb weniger geeignet. Sie können entweder digital nur mit einem Samplerate-Konverter oder über die analogen Eingänge benutzt werden. Zu beachten ist auch, dass die meisten dieser Recorder außerdem über den SCMS-Kopierschutz verfügen. Das zusammen mit den Audiodaten aufgezeichnete Copy-Prohibit-Bit verhindert dabei die Aufnahme von digitalen Quellen und wird auch bei eigenen Aufnahmen gesetzt. Diese können dann nur noch einmal digital kopiert werden. Auch dieser Umstand wirkt sich im Studioeinsatz sehr störend aus.

SCMS-Kopiersprerre

DAT-Recorder, die für den professionellen Einsatz gedacht sind, verfügen meist sowohl über unsymmetrische als auch symmetrische analoge Ein- und Ausgänge. Die symmetrischen Schnittstellen arbeiten mit einem Nominalpegel von +4 dBu. Einige Recorder lassen sich auf den bei Sendeanstalten üblichen Pegel von +6 dBu umschalten. Die symmetrischen Ein- und Ausgänge sind als XLR-Stecker bzw. Buchsen ausgeführt. Oft kommt es zu Pegelproblemen, wenn in einem Setup digitale und analoge Ein- bzw. Ausgänge gemischt verwendet werden sollen. Der analoge Nominalpegel entspricht immer einer Aussteuerung weit unter dem digitalen Fullscale-Pegel, man gönnt sich Headroom, um ein Übersteuern des Wandlers zu verhindern. Wenn bei analoger Aufnahme wie üblich bis Fullscale ausgesteuert wird, also ein höherer als der Nominalpegel verwendet wird, erscheint bei der Wiedergabe an den analogen Ausgängen ein Pegel, der entsprechend weit über dem Nominalpegel liegt. Details zum Thema der Pegelverhältnisse in gemischten analogen/digitalen Studios können Sie im Kapitel 7 nachlesen.

Die digitalen Schnittstellen liegen meist im SPDIF-Format und im AES/EBU-Format vor. Die Schnittstelle im AES/EBU-Format verfügt ebenfalls über XLR-Steckverbindungen. Optische Schnittstellen sind im professionellen Bereich seltener anzutreffen.

Bei AES/EBU kein SCMS

Das bei solchen Recordern vorhandener AES/EBU-Format hat den Vorteil, dass hier das SCMS-Kopierschutzbit nicht übertragen wird, so dass beliebig viele digitale Kopien möglich sind. Auch lässt sich bei diesen Recordern wählen, ob das Kopierschutzbit bei eigenen Aufnahmen gesetzt werden soll.

Wordclock

Selbst im professionellen Bereich gibt es nur wenige Recorder, die über einen Wordclock-Eingang verfügen und sich so auch im Play-Modus zu einem externen Takt synchronisieren lassen. Die meisten Geräte takten sich lediglich während der Aufnahme automatisch als Slave auf das an ihrem Eingang anliegende digitale Signal und müssen bei Wiedergabe in einem voll digitalen Setup als Taktmaster fungieren. Nähere Informationen zur Notwendigkeit der Taktsynchronisation (Wordclock-Synchronisation) in digitalen Setups finden sich im Kapitel über die theoretischen Grundlagen der digitalen Audiotechnik.

Wie im Kapitel über die digitalen Zweikanalschnittstellen dargestellt ist, werden die bei DAT-Aufnahmen vorhandenen Zusatzinformationen wie z. B. Start-IDs und Track-Nummern usw. nur im SPDIF-Format übertragen. Dies bedeutet, dass beim Überspielen von DAT auf

CD-R oder CD-RW die auf dem DAT-Band vorhandenen Start-IDs nur dann in CD-Tracknummern umgewandelt werden können, wenn die Übertragung über diese Schnittstelle stattfindet. Bei Verwendung des AES/EBU-Formats fällt leider mit der fehlenden Übertragung des SCMS-Kopierschutzbits auch die Übertragung aller anderen Subcode-Daten weg. Hier müsste dann der Auto-ID-Modus des CD-Recorders verwendet werden, was in vielen Fällen dazu führt, dass die ID nicht am Anfang eines Titels platziert wird, sondern erst nach einigen Millisekunden. Bei der Wiedergabe eines Titels nach dem Sprung zu diesem Titel mit der Skip-Funktion fehlen deshalb einige Takte.

Für das DAT-Format war ursprünglich nur die Aufzeichnung von Daten mit 16 Bit Wortbreite vorgesehen. Bereits vor einiger Zeit hat jedoch Tascam mit dem Recorder DA-45HR ein Gerät vorgestellt, das auch mit 24 Bit aufzeichnen kann und so eine deutlich höhere Audioqualität erreicht. Wie später noch erklärt wird, wirkt sich eine höhere Wortbreite neben einem geringeren Rauschen besonders bei niedrigen Aufnahmepegeln sehr positiv aus. Leider hat kein anderer Hersteller dieses 24-Bit-Format übernommen, so dass die auf dem DA-45HR gemachten Aufnahmen auch nur auf einem solchen Gerät wieder abspielbar sind. Da das Aufzeichnungsformat umschaltbar ist, kann der Recorder aber auch kompatibel zu allen anderen DAT-Recordern eingesetzt werden.

2.5.3 Bandgestützte Aufzeichnung, kurz und bündig

- Magnetband als Aufzeichnungsmedium ist im Aussterben begriffen
- Regelmäßige Wartung erforderlich, Kopftrommeltausch teuer
- Mechanischer Verschleiß des Gerätes und des Bandes
- Einfache Bedienung
- Bandgestützte Mehrspurgeräte im DTRS-Format sind wegen der langen Aufnahmezeit oft bei Live-Mitschnitten im Einsatz
- Kein Backup nötig, wenn Produktionen archiviert werden sollen
- Bei Mehrspurgeräten einfache Erweiterung der Spurenzahl durch Synchronisieren mehrere Geräte

2.6 Minidisk

Nachdem der Versuch gescheitert war, DAT als Ersatz für die analoge Aufzeichnung auf Kompaktkassetten im HiFi-Markt zu etablieren, folgte mit MiniDisk ein zweiter Versuch, ein digitales Aufzeichnungsmedium einzuführen. MiniDisk-Recorder sind heute sowohl für den professionellen als auch für den HiFi- und semiprofessionellen Markt erhältlich.

Daten-Kompression

Da das MiniDisk-System aber mit einer Datenkompression arbeitet, ist der Einsatzbereich im professionellen Studiobereich nicht wie bei DAT im Mastering zu sehen. Minidisk wird hier eher in der Beschallung eingesetzt, wo Features wie schnelle Zugriffszeit, Textdisplay und leichtes Editieren höher bewertet werden als höchste Klangqualität und verlustfreies Kopieren.

Ein Einsatzgebiet aber ist die Weitergabe von Demos, wie dies auch bei der analogen Kompaktkassette der Fall war.

MiniDisk-Recorder arbeiten intern immer mit einer Samplefrequenz von 44,1 kHz und verfügen deshalb fast immer über einen Samplerate-Konverter, der andere Samplefrequenzen auf 44,1 kHz umsetzt, damit eine digitale Übertragung stattfinden kann. Wie üblich verfügen die Geräte der Unterhaltungselektronik nur über unsymmetrische analoge Ein- und Ausgänge, während Geräte für den professionellen Einsatz auch symmetrisch ausgelegt sind. Auch hier betragen die Normpegel -10 dBV bzw. +4 dBu.

Die Digitalschnittstellen sind bei Consumergeräten immer nur als optische SPDIF-Schnittstellen mit TOSLink-Steckverbindern ausgelegt, sehr selten sind hier Cinch-Buchsen zu finden. Im professionellen Bereich sind neben den symmetrischen AES/EBU-Digitalschnittstellen oft auch Ein- und Ausgänge in SPDIF-Format mit Cinch-Steckverbindungen vorhanden. Von einzelnen Herstellern wurden Geräte vorgestellt, die für den semiprofessionellen Studiomarkt gedacht sind, deren Ursprung jedoch im HiFi-Bereich liegt. Solche Geräte verfügen dann über ungewöhnliche Kombinationen von Schnittstellen, wie zum Beispiel das Gerät MD-301 MKII von Tascam, das über symmetrische analoge Ein- und Ausgänge verfügt, dessen digitale Schnittstellen aber nur als optische TOSLink-Verbindungen vorhanden sind, die im Studiobereich eher selten verwendet werden. Wie bei DAT-Recordern ist auch bei MiniDisk-Geräten ein Wordclock-Eingang sehr selten. Die meisten Geräte müssen also bei Wiedergabe über die digitalen Schnittstellen als Clock-Master fungieren, angeschlossene Geräte müssen ihren Systemtakt als Slave zu dem gesendeten digitalen Audiosignal synchronisieren. Dieser Umstand schränkt die Verwendung in einem rein digitalen Studio stark ein, die Synchronisations-Einstellungen zum Beispiel am digitalen Mischpult müssen je nach Betriebsart häufig umgeschaltet werden. Zudem sind die oben erwähnten, aus dem Konsumerbereich stammenden Geräte als Taktmaster meistens nicht sehr gut geeignet, da das gesamte System eventuell vorhandene schlechte Clock-Jitter-Werte oder eine Samplefrequenz-Ungenauigkeit vom Clock-Master übernimmt.

2.7 CD-R und CD-RW

Einmal aufnehmbare und wieder beschreibbare CDs werden in Produktionsstudios zunehmend als Speichermedien für das Stereo-Master benutzt. Ich möchte hier nicht auf CD-Brenner eingehen, die in Computern benutzt werden und natürlich für Komplettstudios auf Computerbasis die logische Wahl sind. Hier wird das Master im Computer bearbeitet, als WAV-Datei auf der Festplatte gespeichert und anschließend auf CD gebrannt.

Stand-Alone-CD-Brenner

In einem aus einzelnen Geräten bestehenden Studio ist die Arbeitsweise anders. Am automatisierten Mischpult wird ein Mastermix erstellt, die Audiodaten müssen dann in Realtime aufgenommen werden. Dies ist mit in Computer eingebauten Brennern nicht möglich. Hier müsste immer zunächst der Zwischenschritt der Speicherung auf der Festplatte gemacht werden. Einige Hersteller haben daher speziell für den Studiobereich Stand-Alone-CD-Brenner in ihr Programm aufgenommen, diese Gerätekategorie möchte ich hier näher betrachten.

Meistens werden auch in Stand-Alone-Geräten Computerbrenner eingesetzt. Sie können in der Regel trotzdem eine höhere Audioqualität liefern, ihre Audiohardware wie zum Beispiel die AD-Wandler wurden speziell für die Anforderungen im Studiobetrieb entwickelt. Dies trifft auf die Audioeingänge der meisten gängigen Soundkarten nicht zu. Eine bessere Audioqualität wird selbst dann erreicht, wenn ausschließlich die digitalen Eingänge verwendet werden, die manchmal auch auf Soundkarten vorhanden sind. Ein wichtige Rolle hierbei spielt der durch Computernetzteile und andere Umstände hervorgerufene so genannte Clock-Jitter, auf den später noch ausführlich eingegangen wird.

Fast alle Geräte verfügen über einen Samplerate-Konverter an ihrem Digitaleingang, der auch die Aufnahme von Signalen mit 32 kHz oder 48 kHz Samplefrequenz erlaubt. Wie bekannt haben die Daten auf einer CD immer 44,1 kHz Samplefrequenz.

Da bei Stand-Alone-Brennern kein Bildschirm zur Verfügung steht, um wie bei Verwendung einer Brenner-Software die Position von Track-Nummern oder Index-Marken festzulegen, sind hier andere Methoden nötig. Track-Nummern können zum Beispiel automatisch in Abhängigkeit vom Audiopegel gesetzt werden. Dazu wird ein bestimmter Pegel eingestellt. Wenn das Audiosignal diesen Pegel unterschreitet und danach wieder übersteigt, wird eine neue Track-Nummer gesetzt. Dies funktioniert nicht immer einwandfrei, bei langsam ansteigendem Pegel zu Beginn eines Musikstückes kann ein Teil des Signals abgeschnitten werden. Deshalb kann man bei einigen Geräten vor der eigentlichen Aufnahme einen kurzen Bereich des Audiosignals in einen RAM-Speicher des CD-Recorders laden und in einer Wiedergabeschleife (Loop) abspielen. Der Anfangspunkt dieser Schleife kann dann so lange verschoben werden, bis er mit der gewünschten Position des Track-Anfangs übereinstimmt. Bei der tatsächlichen Aufnahme setzt das Gerät den Track-Anfang genau an der so gewählten Stelle.

Recorder als CD-Player

Oft werden CD-Recorder im Studio auch als CD-Player eingesetzt. Meistens bieten sie alle Features eines normalen CD-Players, so dass dieser Benutzung bisher nicht im Wege stand. Immer häufiger jedoch werden CDs auf den Markt gebracht, die einen Kopierschutz enthalten. Die verschiedenen Verlage verwenden unterschiedliche Systeme (z.B. Cactus Datashield), allen gemeinsam ist das Bestreben, eine CD nicht mehr auf CD-ROM-Laufwerken, also im Computer abspielbar zu machen. Da wie gesagt bei fast allen Stand-Alone-Brennern ebenfalls Computerlaufwerke eingesetzt werden, können solche CDs auch auf diesen CD-Brennern nicht mehr abgespielt werden.

Wordclock In

Um ein Gerät universell in ein digitales Setup einbinden zu können, sollte es als Wordclock-Master und als Wordclock-Slave einsetzbar sein. Dies ist während der Aufnahme bei keinem Gerät problematisch, da in diesem Modus die am Eingang anliegende Clock des Audiosignals übernommen wird. Im Wiedergabemodus jedoch können die wenigsten Geräte als Slave betrieben werden. Dazu ist ein Wordclock-Eingang nötig, da am Audioeingang unter Umständen kein Signal anliegt. Wenn ein CD-Recorder also auch als CD-Player eingesetzt werden soll, sollte ein Gerät mit Wordclock-Eingang gewählt werden, dieses Feature macht das Gerät dann jedem Standard-CD-Player überlegen.

2.8 Neue Möglichkeiten durch neue Speichermedien: DVD als Master

Ein Gerät möchte ich zum Schluss dieses Abschnittes noch erwähnen, den DVD-RAM-Master-Recorder DV40 von Fostex. Das Medium DVD-RAM bietet auf Grund seiner Speichergröße die Aufnahme von Daten mit 24 Bit und 192 kHz Samplefrequenz. Das verwendete Universal-Disk-Format erlaubt das Lesen der Disks auf Mac und PC, die Aufnahme kann im Pro-Tools-Format SDII oder als Broadcast WAV erfolgen, die Daten können nicht-destruktiv editiert werden. An das Gerät ist ein Monitor und eine normale PS/2-Tastatur und Maus anschließbar. Es ist nicht sinnvoll, hier alle Möglichkeiten aufzuzählen, Details finden Sie im entsprechenden Prospekt. Geräte wie dieses erlauben einen Blick in die Zukunft der Master-Recorder, möglicherweise ersetzt DVD-RAM als Medium bald das bisher noch am weitesten verbreitete DAT-Band.

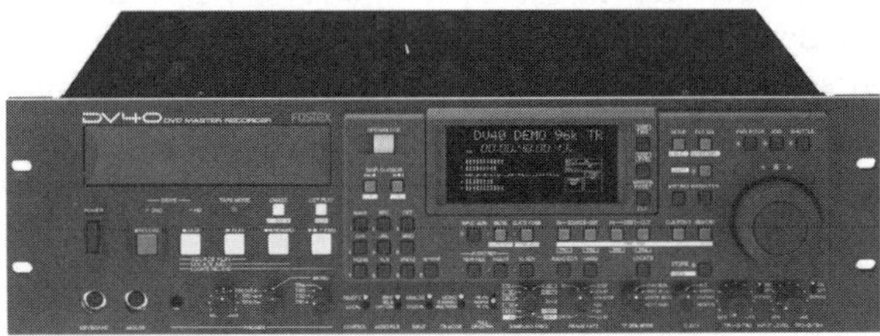

Abbildung 9: DVD-RAM Masterrecorder DV-40

2.9 Digitale Mischpulte

Das Mischpult wird oft als das Herz eines Studios bezeichnet, alle Adern laufen hier zusammen. So ist auch das Thema digitale Mischpulte komplexer als die bisher behandelten Themen. Zunächst hielt die Digitaltechnik in Form von Steuerungstechnik Einzug in Audiomischpulte.

2.9.1 Vorteile digitaler Mischpulte

Automation

Eine digitale Kontrolle aller Bedienelemente ermöglichen eine vollständige Automation des Abmischvorganges. Komplizierte Bedienschritte können bei Verwendung einer Mischpultautomation wiederholt werden, bis sie den Vorstellungen des Toningenieurs entsprechen. Mehrere gleichzeitig nötige Regelvorgänge können bei der Vorbereitung des eigentlichen Mixes nacheinander ausgeführt werden. Alle Arbeitsschritte werden von einem Rechner registriert, aufgezeichnet und nach Beendigung der Arbeit vom Computer automatisch in ihrer richtigen Reihenfolge ausgeführt.

Als zeitliche Orientierung dient dem Rechner dabei ein Timecodesignal, das zusammen mit jedem Arbeitsschritt gespeichert wird und so eine zeitliche Einordnung aller Vorgänge erlaubt. Meist akzeptieren digitale Mischpulte MIDI-Timecode als Zeitreferenz, im professionellen Bereich wird der aus der Videotechnik stammende SMPTE/EBU-Timecode verwendet.

Eine solche Mischpultautomation bietet dabei oft auch die zusätzliche Möglichkeit, Vorgänge nachträglich am Computer in einem Listeneditor zu verändern. So kann nachträglich der Pegel von Kanal 15 an einer bestimmten Stelle im Musikstück (z.B. bei Timecodezeit 3 Min.15 Sek.) um 2 dB abgesenkt werden, nachdem man sich den kompletten, vom Computer ausgeführten Mix angehört hatte und festgestellt hat, dass an dieser Stelle die Gitarre zu laut ist. Die komplette digitale Kontrolle eines analogen Mischpultes ist eine sehr aufwendige Technik, weswegen sich solche Mischpulte nur in sehr hohen Preisklassen realisieren ließen. Prominente Beispiele dieser Technologie sind Mischpulte der Firmen SSL und Euphonics. Die Preise bewegen sich aber immer im 6-stelligen Euro-Bereich.

Warum digitale Mischpulte?

Der erste Grund, die Signalbearbeitung eines Mischpultes zu digitalisieren, ist die erheblich einfachere Kontrolle aller Regelvorgänge. Da ein Rechner nur digitale Daten verarbeiten kann, benötigt er zur Kontrolle der Regelvorgänge in einem analogen Mischpult Stellglieder, die als Interface zwischen der digitalen und der analogen Welt fungieren können. Diese sind nicht mehr nötig, wenn auch die Verarbeitung der Audiosignale digital erfolgt.

Deshalb bieten praktisch alle heutigen digitalen Mischpulte auch eine (mehr oder weniger leistungsfähige und bedienfreundliche) Mischpultautomation. Dieses Feature ist Musikern und Projektstudios erst mit der digitalen Audiotechnik zugänglich geworden, da nun eine Mischpultautomation ohne großen zusätzlichen Hardware-Aufwand realisierbar wurde.

Der zweite Grund, die Signalverarbeitung in einem Mischpult zu digitalisieren, ist zweifellos die im Verhältnis zum Preis hohe erreichbare Audioqualität. Musste in analogen Mischpulten ein hoher Aufwand getrieben werden, um Nebengeräusche so gering wie möglich zu halten, ist dies bei digitaler Signalverarbeitung kein großes Problem mehr.

Clock-Synchronisation

Da jede Medaille zwei Seiten hat, gibt es allerdings auch Probleme, die bei der Verwendung analoger Technik nicht bestanden. Wie bereits erwähnt, muss bei der Übertragung digitaler Daten der interne Takt aller beteiligten Geräte synchronisiert sein. Diese Notwendigkeit hält in komplexen Setups für den Betreiber einige Fallstricke bereit. Dem Thema der Takt-Synchronisation im digitalen Studio ist ein eigenes Kapitel gewidmet, hier werden auch Beispiele von möglichen Zusammenstellungen von Geräten gezeigt und ausführlich erläutert.

2.9.2 Welche Features braucht ein digitales Mischpult ?

Ein- und Ausgänge

Line-Eingänge

Um den Preis eines digitalen Mischpultes so günstig wie möglich zu gestalten, sind die Hersteller solcher Geräte gezwungen, bestimmte, kostenintensive Features auf ein Mindestmaß zu beschränken. Diesem Zwang fallen zunächst auch teure Bausteine wie Analog/Digital-Wandler zum Opfer. Wie bei Kompaktstudios ist deshalb eine wichtige Fragen, wie viele Mikrofoneingänge und wie viele analoge Line-Eingänge gleichzeitig benutzbar sein sollen. Die Antwort auf diese Fragen ist mit der Art der geplanten Produktionen verknüpft. In einem durchschnittlichen Projektstudio werden viele der Tonquellen nach wie vor analog sein (Synthesizer, MIDI-Expander etc.), so dass oft eine große Anzahl analoger Line-Eingänge benötigt wird.

Mikrofon-Eingänge

Ähnlich verhält es sich mit Mikrofoneingängen. Einige der kleineren Mischpulte verfügen nur über vier Mikrofoneingänge, mit diesen ist deshalb an Mehrspur-Livemitschnitte nicht zu denken. Auch die größten Geräte in einer für Projektstudios noch erschwinglichen Preisklasse verfügen wegen der Preise guter AD-Wandler nur über eine begrenzte Zahl von analogen Eingängen, die sich meistens jedoch mit externen Wandler-Einheiten erweitern lässt. Je nach dem verwendeten Format der Digitaleingänge ist man mit dieser Erweiterung auf unterschiedliche Hersteller angewiesen. Einige analoge Vorverstärker mit AD-Wandlern verwenden das TDIF-Format (z.B. Tascam und Studer), andere haben digitale Ausgänge im ADAT-Format. Man sollte also schon bei der Anschaffung des digitalen Mischpultes darauf achten, ob für die vorhandenen Digitaleingänge den Bedürfnissen und Qualitätsanforderungen entsprechende analoge Vorverstärker mit Digitalausgängen zur Verfügung stehen.

Ebenso wichtig wie die Anzahl der Eingänge und deren Erweiterbarkeit um analoge Eingänge ist die Frage nach der Anzahl der Ausgänge. Die Mehrspurausgänge liegen meist nur als digitale Ausgänge vor. Hier muss das verwendetet Format von Mischpult und Mehrspur-Recorder natürlich übereinstimmen, wenn man nicht mit einem Formatkonverter zusätzlichen Aufwand betreiben will.

Effekt-Sends

Wichtig ist auch die Frage nach den analogen Ausgängen wie zum Beispiel den Effektausgängen. In aller Regel sollen auch in einem digitalen Aufnahmestudio Effektgeräte eingebunden werden, die nur analog anschließbar sind. So ist also wichtig, über analoge Effekt-Sends zu verfügen, aber auch analoge Effekt-Returns sind wichtig, will man für die Rückführung des Effektsignals nicht analoge Line-Eingänge opfern, die ja meistens für den Anschluss von Synthesizern, MIDI-Expandern und anderen analogen Quellen benötigt werden.

Kaskaieren

Einige digitale Mischpulte können gekoppelt werden, um ein größeres System zu bilden. Zwei Pulte werden hierbei über ein spezielles Kabel miteinander verbunden. Leider werden aber nicht alle eigentlich nötigen Funktionen gekoppelt, so dass man eher von zwei getrennten Mischpulten mit einigen gemeinsamen Audiobussen sprechen sollte. Achten Sie im Einzelfall darauf, dass die folgenden Funktionen auf alle Fälle gekoppelt, also für das gesamte System gemeinsam bedienbar sind:

1) Steuerfunktionen: Die Solo-Funktion schaltet durch Druck auf die entsprechende Taste alle anderen Kanäle vom Monitorausgang ab, damit der gewählte Kanal während des Mixes einzeln (Solo) hörbar ist. Wenn dies bei kaskadierten Mischpulten nur für das Pult gilt, in dem der gewählte Kanal liegt, ist die Funktion nutzlos! Achten Sie im übrigen darauf, das der Stereoausgang, über den der Mix auf einen Masterrecorder aufgenommen wird, von der Solofunktion nicht beeinträchtigt werden darf. Viele Mischpulte erlauben das Bilden von Fadergruppen. Hierbei werden mehrere Fader elektronisch miteinander verkoppelt und bewegen sich gemeinsam, wenn ein Fader der Gruppe bewegt wird. Dies sollte bei gekoppelten Pulten über die Grenzen eines Pultes hinaus möglich sein.

   Die Umschaltung der Pegelanzeige-Charakteristik der Meterbridge (Peakhold ein/aus etc.) sollte ebenso gemeinsam für alle gekoppelten Pulte erfolgen können wie die Umschaltung des Status der Mischpultautomation (Read, Write, Update).

2) Audiobusse: Die Mehrspur-Aufnahmeausgänge sollten von Kanälen beider Pulte erreichbar sein, sonst ist es zum Beispiel nicht möglich, über die Mischpulte Spuren von einem an Mischpult 1 angeschlossenen Mehrspurrecorder auf einen am Pult 2 angeschlossenen Recorder zu überspielen.

Die Aux-Wege (Effect Sends) sollten gekoppelt sein, sonst benötigt man die doppelte Anzahl an Effektgeräten, weil ein Effektgerät, das an Mischpult 1 angeschlossen ist, über Mischpult 2 nicht erreichbar ist. Vorteilhaft ist es, wenn diese Verkopplung zusätzlich auftrennbar ist. Man erhält dadurch die doppelte Anzahl von Aux-Wegen, wenn genügend Effektgeräte zur Verfügung stehen. Auch die Aux-Returns (Effekt-Rückführungen) müssen koppelbar sein, dies trifft natürlich auch auf den Stereo-Bus zu.

Die Mischpultautomation

Wie oben schon gesagt, ist einer der größten Vorteile digitaler Mischpulte die Möglichkeit, alle Einstellungen zu speichern und Änderungen zu automatisieren. Die Art der Mischpultautomation bedarf jedoch eines genaueren Blickes, hier gibt es große Unterschiede in Bedienungskomfort und Möglichkeiten.

Als erstes ist wichtig, ob das Mischpult über motorisierte Schieberegler verfügt. Wenn dies nicht der Fall ist, stimmen die mechanische und die elektrische Position der Regler in vielen Fällen nicht überein. Dies ist unübersichtlich und macht die Bedienung der Automation komplizierter, wenn z.B. an einem einmal gespeicherten Mix Veränderungen vorgenommen werden sollen. Fast alle digitalen Mischpulte verfügen mittlerweile über motorisierte Schieberegler, so dass dieses Problem nur beim Kauf eines gebrauchten Mischpultes auftreten wird.

Motorfader

Motorisierte Schieberegler sind sozusagen ein mechanisches Display. Der Computer fährt die Regler immer an die Position, die dem Pegel entspricht, den er für den entsprechenden Mischpultkanal einstellt. Die Pegelverhältnisse sind dadurch immer in gewohnter Weise sichtbar. Wenn die Schieberegler dann auch noch berührungsempfindlich sind, erhöht dies den Bedienungskomfort weiter: Soll die Stellung eines während des automatisch ablaufenden, vom Rechner gesteuerten Mix verändert werden, reicht eine Berührung des entsprechenden Reglerknopfes, um dies dem Computer mitzuteilen. Der jeweilige Regler wird dann vom automatisch ablaufenden Mix abgekoppelt, der Computer merkt sich die Bewegungen, die jetzt mit diesem Regler ausgeführt werden und ersetzt die vorher an dieser Zeitposition gespeicherten Daten durch die der neuen Bewegung. Diese elegante Form des Updates oder Veränderns von Bewegungen oder Reglerstellungen ist wenigen Automationssystemen vorbehalten.

Schrittweise Regelung

Da diese Regler keine Audiosignale mehr regeln, sondern nur noch Steuerinformationen an den Rechner weitergeben, muss ein Analog/Digital-Wandler vorhanden sein, der die (analoge) Bewegung oder Position des Reglers in eine für den Computer verständliche digitale Information umsetzt und umgekehrt die Befehle des Rechners in eine Spannung umwandelt, die den Motor des Reglers dazu bringt, an die richtige Position zu fahren.

Von der Auflösung dieses Wandlers hängt die Genauigkeit ab, mit der Regelvorgänge mit solchen Schiebereglern aufgeführt werden können. Mit den hier oft eingesetzten 8-Bit-Wandlern existieren $2^8 = 256$ Schritte, in die der mechanische Reglerweg eingeteilt ist. Eine kontinuierliche (analoge) Regelung wie mit normalen Schiebereglern ist also dank der Digitaltechnik nicht mehr möglich. Dies ist aber bei entsprechend großer Auflösung der für die Schieberegler zuständigen Wandler kein Problem.

Ein positiver Nebeneffekt dieser Technik ist, dass kratzende Regler der Vergangenheit angehören. Da keine Audiosignale mehr durch den Schieberegler laufen, können auch Staub und andere Störfaktoren keine direkt hörbare Wirkung mehr haben. Dies bedeutet jedoch nicht, dass man nun Bier und Cola bedenkenlos durch die Schieberegler laufen lassen sollte.

Offline-Editing

Eine weitere Art der nachträglichen Bearbeitung von Audiodaten ist sehr komfortabel: das Editieren in einer Liste. Einige Automationen bieten dieses Offline-Editing genannte Feature, bei dem nicht während des laufenden Mix (Online) geändert wird, sondern in einer Ereignisliste, die mit einem Texteditor verändert werden kann.

Besonders hilfreich ist diese Form der Nachbearbeitung bei der Video- und Filmvertonung. An Hand des im Bild eingeblendeten Timecodes, mit dem auch die Automation gesteuert wird, kann der Zeitpunkt eines Ereignisses exakt bestimmt werden. In der Ereignisliste der Automation können dann entsprechende Einträge für diese Timecodestelle erfolgen. So ist es zum Beispiel sehr einfach, den Pegel der Umweltgeräusche exakt an der Stelle zu verringern, an der im Bild das Schließen des Fenster sichtbar ist.

Reguliergeräusche

Ein Tipp: Achten Sie auf die mechanischen Geräusche, die die motorisierten Schieberegler erzeugen, wenn sie schnell vom Computer bewegt werden. Einige Anwender benutzen ihre Mischpultautomation nicht, weil sie sich durch die lauten Schieberegler ihres Mischpultes während des Mix zu stark gestört fühlen.

Zusätzliche Features

Bei den meisten digitalen Pulten ist nicht nur die Stellung der Schieberegler automatisiert, sondern auch alle anderen Parameter wie die Einstellung der Klangregelung und der Aux-Send-Pegel können gespeichert werden. Einzig die meist mit „Gain" bezeichneten Vorpegelregler der analogen Eingänge sind in aller Regel nicht in die Automation einbezogen. Achten Sie darauf, ob die Einstellungen interner Effekte (so vorhanden) mit abgespeichert werden können. Dies ist leider nicht selbstverständlich und relativiert den Bedienungskomfort erheblich, da ein gespeicherter Mix einige Tage später nicht mehr in der gleichen Art wiederholt werden kann, falls man sich die Einstellung der im Mischpult vorhandenen Effekte nicht notiert hatte.

Statische Automation

Grundsätzlich unterscheidet man zwischen einer statischen und einer dynamischen Automation. Bei einer statischen Automation werden Momentaufnahmen der automatisierbaren Parameter wie Faderposition, Einstellung der Klangregelung und so weiter zusammen mit dem entsprechenden Timecodewert abgespeichert und später zum richtigen Zeitpunkt wieder aufgerufen. Kontinuierliche Bewegungen können nicht gespeichert und als fließende Bewegung wieder abgerufen werden. Deshalb sind mit einer statischen Automation, auch Snapshot-Automation genannt, zum Beispiel keine automatisiert ablaufenden Panorama-Fahrten von einer zur anderen Seite möglich.

Dynamische Automation

Eine dynamische Automation dagegen erlaubt das Speichern und zeitrichtige Abrufen von kontinuierlichen Bewegungen dadurch, dass sehr viel mehr Snapshots gespeichert und wieder abgerufen werden. So entsteht der Eindruck einer fließenden Bewegung zum Beispiel der Schieberegler. Eine dynamische Automation bietet weit mehr Gestaltungsmöglichkeiten, besonders dann, wenn auch die Effektwege in die Automation einbezogen sind.

Speicherung der Automationsdaten

MIDI Continuous Controller

In der einfachsten Art einer Mischpultautomation gibt das Mischpult die Informationen über die Reglerpositionen etc. als MIDI-Daten aus. Die Daten können im Computer als eine Spur eines Sequenzers aufgezeichnet werden und zusammen mit den anderen MIDI-Information wieder abgespielt werden. Natürlich fehlen bei dieser Art der Automation all die oben genannten Editiermöglichkeiten, außerdem ist die per MIDI übertragbare Datenmenge begrenzt. Dies kann dazu führen, dass komplizierte Mixe mit vielen gleichzeitig ablaufenden Reglerbewegungen und eventuell gleichzeitigen Änderungen der Klangregelung manchmal nur sehr stockend, mit deutlich wahrnehmbarem Rucken ablaufen. Gleichzeitig kann man ahnen, wie sich das MIDI-Timing bei der Steuerung von Instrumenten in einem solchen Fall verhält.

Serielle Schnittstelle

Eine weitere Methode der Übertragung von Automationsdaten wurde z.B. von Tascam bei den Mischpulten TMD-8000 und TMD-4000 benutzt. Die Automation erfolgt durch eine spezielle Software, die auf einem PC oder Mac läuft und so einen sehr hohen Funktionsumfang und Bedienungskomfort ermöglicht. Die Übertragung der Daten vom Mischpult zum Rechner erfolgt dabei über eine serielle Schnittstelle, die eine genügend hohe Datenrate ermöglicht, um auch komplizierte und datenintensive Mixe ausführen zu können. Leider ist diese sehr komfortable und bedienungsfreundlichen Methode bei vielen aktuellen Digitalmischpulten dem Preisdiktat der Marketingabteilungen zum Opfer gefallen. Sie wird deshalb vor allem bei professionellen Mischpulten benutzt, bei denen der Preis für einen zusätzlich nötigen Rechner in Verhältnis zum Mischpultpreis keine große Rolle spielt.

Speicherort Mischpult

Bei den digitalen Mischpulten der mittleren und unteren Preisklasse wie zum Beispiel dem Tascam DM24 oder dem digitalem Mischpult DDX3216 der Firma Behringer werden die Automationsdaten direkt im Mischpult selbst gespeichert. Dies macht einen zusätzlichen Rechner und damit auch die Übertragung der Daten unnötig. Den Bedienungskomfort einer rechnergestützten Automation können solche Systeme allerdings meist nicht erreichen.

Auch ist der Speicherplatz meist beschränkt und lässt in einigen Fällen nur die Speicherung der Daten eines Songs zu. Sinnvoll ist, dass ein Bildschirm am Mischpult angeschlossen werden kann, der eine Visualisierung der Automationsdaten ermöglicht. Bei dieser Form der Mischpultautomation ist außerdem extrem wichtig, die im Mischpult gespeicherten Daten exportieren zu können, um sie auf einer Festplatte oder einem anderen Datenträger zu sichern. Meist erfolgt der Export in Form von MIDI-Daten. Achten Sie in diesem Zusammenhang auf die Zeit, die für die Übertragung eines kompletten Mix benötigt wird, MIDI ist nicht gerade die schnellste Methode, Daten zu übertragen.

Abbildung 10: Das wohl meistverkaufte digitale Mischpult, Yamahas O2R

Audioqualität und Klang von digitalen Mischpulten

Oft wird zum Beweis für die hohe Audioqualität von digitalen Mischpulten die Rauscharmut angeführt. Abhängig davon, ob die Pegelverhältnisse im Mischpult richtig gewählt wurden, trifft dies zweifellos zu (mehr zur Aussteuerung in der digitalen Welt folgt in einem späteren Kapitel). Die heutigen technischen Möglichkeiten erlauben auch bei preiswerten Geräten das Erreichen von technischen Daten, die noch vor wenigen Jahren in dieser Preislage unmöglich erreichbar schienen.

Wichtiges Kriterium ist dabei die Wortbreite, mit der intern gerechnet wird. Wie wir aus dem Kapitel über die Wortbreite wissen, ist der maximal darstellbare Pegel und damit der interne Headroom eines digitalen Mischpultes von ihr abhängig. Je mehr Audiokanäle gemischt werden (dies ist intern eine Addition), je höher wird der interne Pegel und erreicht irgendwann die darstellbare Obergrenze. Der Gesamtpegel muss dann an anderer Stelle abgesenkt werden, um genügend Aussteuerungsreserven für eine Bearbeitung der Signale mit Equalizern und Effekten zur Verfügung zu stellen. Diese interne Pegelreduktion kann eine hörbare Verringerung der Klangqualität zur Folge haben, sollte also möglichst selten nötig sein. Die interne Wortbreite muss deshalb so hoch wie möglich sein: 32 Bit sind Standard, 48 Bit sind natürlich besser und mit modernen DSP-Bausteinen auch ohne zu hohen Aufwand möglich.

Interne Wortbreite

Die erreichbare Audioqualität kann jedoch nicht nur nach messbaren technischen Kriterien beurteilt werden. Sehr wichtig ist auch die Eigenschaft der jeweils eingesetzten Analog/Digital-Wandler und der analogen Teile des Pultes, zum Beispiel der Mikrofon-Vorverstärker. Hier gibt es große Klangunterschiede, die mehr mit Geschmack als mit technischer Qualität zu tun haben. Auch die Art der internen Berechnung der Klangregelung hat einen Einfluss auf den Klang. Deshalb haben auch digitale Mischpulte wie ihre analogen Kollegen eine eigene Klangcharakteristik. Hören Sie sich daher das Mischpult Ihrer Wahl vor dem Kauf an. Benutzen Sie ein Ihnen bekanntes Musikstück oder besser eine Ihrer eigenen Mehrspur-Aufnahmen, um die Klangregelung zu testen. Manche digitalen Mischpulte klingen härter, andere eher analog. Bei der Auswahl spielt deshalb der persönliche Geschmack eine wichtige Rolle.

2.9.3 Digitale Mischpulte, kurz und bündig

- Abspeicherung von Einstellungen preiswert realisierbar, Snapshot-Automation deshalb fast immer vorhanden
- Dynamische Automation vieler Parameter ebenfalls fast immer möglich
- Meist eingebaute Effekte vorhanden
- Kompakt, geringer Platzbedarf
- Interne Wortbreite ist ein wichtiges Kriterium
- Gegenüber analogen Mischpulten komplexe Bedienung
- Bei Benutzung von digitalen Quellen Taktsynchronisation aller angeschlossenen Geräte nötig
- Meist kein modularer Aufbau, dadurch bei Defekt gesamtes Mischpult außer Betrieb
- Auch bei digitalen Mischpulten gibt es Klangunterschiede

Nachdem nun die meisten wichtigen Komponenten eines digitalen Studios kurz besprochen wurden, sollen im nächsten Kapitel die technischen Hintergründe der Digitaltechnik möglichst einfach dargestellt werden.

Eine Kenntnis der technischen Zusammenhänge ermöglicht in vielen Fällen, bei der Arbeit auftretende Fehler und Schwierigkeiten zu erklären und dadurch Lösungen für das bestehende Problem zu finden.

3. Wie funktioniert das?

Back to the Roots, auch so könnte die Überschrift dieses Kapitels lauten. Gemeint ist die Tatsache, dass die Geschichte der elektrischen Nachrichtenübermittlung vor fast 200 Jahren damit begann, dass Daten in verschlüsselter, codierter Form übertragen wurden und man nun nach einem Umweg über die unverschlüsselte, analoge Speicherung und Verarbeitung mit der Digitaltechnik wieder zu Prinzipien zurückkehrt, bei denen Daten codiert aufgezeichnet und übermittelt werden.

Die Anfänge

Das System der Codierung wurde bereits verwendet, als die Möglichkeit einer elektrischen Übertragung noch nicht vorhanden war. Bereits im Jahre 1793 übermittelte der Franzose Claude de Chappe erstmals eine telegrafische Nachricht über eine Entfernung von etwa 150 Kilometern. Praktisch war der Telegraf von de Chappe ein System von Signalstationen, die aus Masten mit mehreren Signalarmen bestanden und damit heutigen Eisenbahnsignalen ähnelten. Sie waren im Abstand von jeweils etwa zehn Kilometern voneinander auf Anhöhen, kleinen Hügeln u.s.w. aufgestellt, damit die beweglichen Signalarme mit einem Fernrohr wahrgenommen werden konnten. Bei schönem Wetter brauchte eine Nachricht von Paris nach Bayonne mit dieser Methode drei Stunden. Ein bedeutender Fortschritt, brauchte ein Reiter zum Überbringen der Nachricht doch erheblich länger. Nachteil des Verfahrens: Bei Nebel oder bei Nacht blieb die Verbindung unterbrochen, während der Reiter seinen Weg fortsetzen konnte.

Der Wegbereiter

Den nächsten bedeutenden Fortschritt in der Nachrichtentechnik brachte uns ein Amerikaner. Am 28. September 1837 reichte Samuel F. B. Morse die Patentschrift für seinen elektrischen Telegrafen ein. Zehn Jahre vorher (1827) hatte der deutsche Karl August Steinteil die Übertragungsfähigkeit eines einzelnen Drahtes entdeckt. Mores Hauptverdienst war die Einführung des nach ihm benannten Morse-Alphabetes, eines Codes, der die Übertragung von Daten durch Einschalten oder Unterbrechen des elektrischen Stromes ermöglichte.

Man könnte dieses Prinzip als die Mutter aller heutigen digitalen Nachrichtensysteme bezeichnen, denn nach einem Umweg über die analoge Technik findet in heutigen Methoden die Rückkehr zum binären Prinzip (Strom an/Strom aus) statt. Das Morse-Alphabet benutzt zusätzlich zu der Information Strom an/Strom aus noch eine weitere. Es gibt zwei verschieden lange „Ein“-Zeiten (Strom lange an/Strom kurz an). Auch diese Idee Morses, zwei unterschiedliche lange Impulse zur Codierung zu verwenden, finden wir in der Puls-Breitenmodulation moderner Codierungsverfahren wieder.

Das folgende Kapitel soll nun einen Überblick über die Funktionsprinzipien der modernen digitalen Audiotechnik vermitteln. Wir wollen jedoch nicht den Elfenbeinturm der reinen Wissenschaft betreten, die Orientierung liegt auf praktisch anwendbarem Wissen.

3.1 Von der kleinsten Einheit zum Großen Ganzen: Die AD-Wandlung

Der Wunsch, Sinneseindrücke festzuhalten und zu speichern, um sie später an einem beliebigen Ort wieder abrufen zu können, ist wahrscheinlich so alt wie die Menschheit selbst. Viele Methoden wurden erdacht, diese Speicherung und den Transport des Gespeicherten zu verwirklichen. Eine schon sehr früh benutzte Methode ist die Zerlegung eines optischen Eindruckes, also eines Bildes, in einzelne Bildpunkte. Ein Mosaik stellt ein solches in viele Einzelteile zerlegtes Bild dar, moderne digitale Kameras verwenden im Prinzip die gleiche Methode.

Auch die digitale Audiotechnik benutzt dieses Prinzip. Ein Schallereignis wird in Tausende einzelner Werte zerlegt, deren Größe als Zahl dargestellt und gespeichert wird. So wie die Qualität eines digitalen Fotos oder Fernsehbildes von der Anzahl der Bildpunkte abhängt, aus dem es zusammengesetzt wird, ist die Qualität der Wiedergabe digitalisierter Audiosignale unter anderem von der Anzahl der einzelnen Teile abhängig, in die das Signal verlegt worden war. Dieses Zerlegen in einzelne Teile bezeichnet man als Analog/Digital-Wandlung, den umgekehrten Prozess als Digital/Analog-Wandlung. Das Prinzip ist sehr einfach, der Teufel steckt wie immer im Detail.

Betrachten wir zuerst einige Kriterien, die maßgeblichen Anteil an der Qualität einer digitalen Signalverarbeitung haben:

Das Ziel der Analog/Digital-Wandlung ist, eine sich kontinuierlich ändernde, elektrische Spannung in so viele Zahlenwerte umzuwandeln, dass anhand der Zahlenwerte später nach einer Speicherung und eventuellen Bearbeitung der zeitliche Verlauf der Spannung, also ihre Kurvenform, wieder vollständig rekonstruiert werden kann. Anders ausgedrückt muss also eine Liste von Zahlen erzeugt werden, die nach dem Prinzip „Malen nach Zahlen“ später als „Stützpunkte“ miteinander verbunden werden und so dazu dienen, die Kurve wieder zu zeichnen und damit zu rekonstruieren.

Ein einzelner ermittelter Messwert wird Sample (= Probe) genannt, die Anzahl der Messungen pro Sekunde wird als Samplefrequenz bezeichnet. Die erste Frage, die sofort auftaucht, ist die nach der Anzahl der Stützpunkte oder Messwerte, die nötig ist, um ein analoges Signal vollständig und ohne Fehler wieder herzustellen.

3.1.1 Die Wahl der Samplefrequenz

Samplerfrequenz

Die Samplefrequenz, Abtastfrequenz oder Samplingrate ist die erste wichtige Kenngröße für die Qualität des AD/DA gewandelten Signals. Sie drückt aus, wie viele Messwerte (Samples) pro Zeiteinheit (Sekunde) ermittelt werden. Dieser Wert ist mitbestimmend für das Aussehen der bei der Wandlung entstehenden Treppenstufen und bestimmt die Breite einer solchen Stufe.

Warum ist dieser Wert so wichtig? An einem einfachen Beispiel lässt sich dies zeigen: Dazu sehen wir uns eine Grafik an, die den Verlauf der Kursentwicklung einer Aktie darstellt. Die waagerechte gestrichelte Linie stellt die untere Grenze dar, ab der wir beim Fallen des Aktienwertes unsere Anteile wieder abstoßen wollen. Wie wir sehen, ist der Wert der Aktie kurz unter diese Schmerzgrenze gefallen, danach wieder gestiegen und dann (nachdem wir verkauft hatten) stark gefallen. Wie der spätere Kursverlauf nach dem kurzen Einbruch zwischen t4 und t5 zeigt, war die Entscheidung zum frühzeitigen Verkaufen also richtig. So konnten wir das Geld früher wieder für andere, Gewinn bringende Investitionen einsetzen.

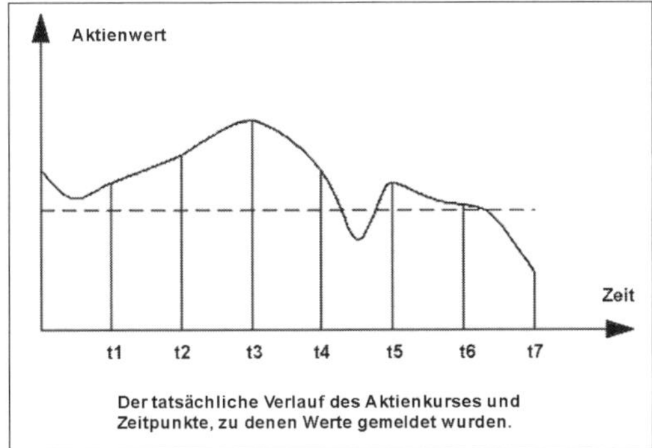

Der tatsächliche Verlauf des Aktienkurses und Zeitpunkte, zu denen Werte gemeldet wurden.

Abbildung 11: Kursentwicklung mit Abfragezeitpunkten

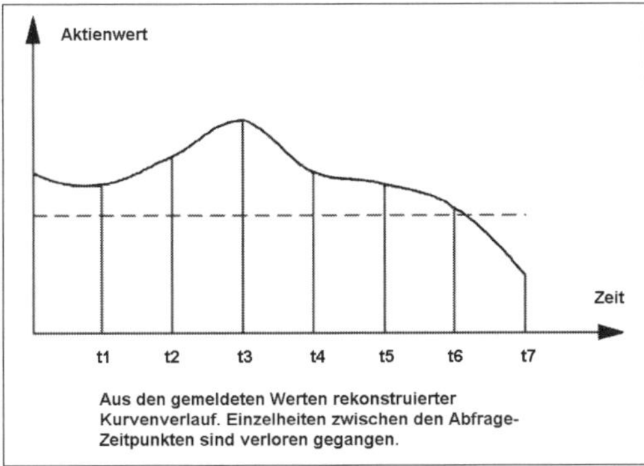

Aus den gemeldeten Werten rekonstruierter Kurvenverlauf. Einzelheiten zwischen den Abfrage-Zeitpunkten sind verloren gegangen.

Abbildung 12: Aus den Abfragewerten rekonstruierte Kurve

In der zweiten Grafik sehen wir die Kurve, die sich ergibt, wenn ihr Verlauf aus den in Abbildung 1 eingezeichneten Werten der Abfragezeitpunkte t1 bis t7 wieder rekonstruiert wird. Das Ergebnis sieht dem Original nur noch entfernt ähnlich, wichtige Einzelheiten wie z.B. die Senke zwischen t4 und t5 fehlen. Nach dieser Kurve beurteilt hätten wir unsere Aktien erst nach dem Zeitpunkt t6 abgestoßen, weil die Kurve erst hier unter unsere Verlust-Schmerzgrenze sinkt.

Um mehr Details der Originalkurve zu erfassen und wieder herstellen zu können, gibt es nur einen Weg: Wir müssen mehr Werte erhalten, also den Kurvenverlauf öfter abfragen.

Auf die digitale Audiotechnik übertragen heißt dies, wir müssen die Samplefrequenz erhöhen. Wie oft ein Ereignis abgefragt werden muss, um eine befriedigende Rekonstruktion zu ermöglichen, hängt dabei vom Anwendungsfall ab. Genügt es zum Beispiel beim Film oder Fernsehen, also bei optischen Eindrücken, 24 beziehungsweise 25 Bilder pro Sekunde darzustellen (24/25 Hz), um unserem Auge eine gleichmäßige und damit analoge Bewegung vorzugaukeln, verhält sich unser Ohr wesentlich weniger träge und ist damit deutlich anspruchsvoller: Um eine natürliche Reproduktion von Schallereignissen zu erreichen, benötigen wir einen Frequenzbereich, der mindestens von 20 Hz bis 20 kHz reicht.

Das Abtasttheorem nach Shannon

Shannon

Ein physikalischer Zusammenhang ist das nach seinem Entdecker benannte Abtasttheorem nach Shannon, das bei der Wahl der Abtastfrequenz eine wichtige Rolle spielt. Shannon fand heraus, dass die Abtastfrequenz mindestens doppelt so hoch sein muss, wie die höchste gewünschte zu digitalisierende Tonfrequenz. Nur dann kann das Original wieder vollständig hergestellt werden.

Ein Beispiel

Hier ein kurzes Beispiel, um das Abtasttheorem nach Shannon zu erläutern:

Betrachten wir einen Film, in dem eine sich regelmäßig 12 x pro Sekunde von Schwarz nach Weiß ändernde Farbfläche aufgenommen werden soll. Wie viele Bilder muss man aufzeichnen, um diese Änderung zu dokumentieren?

Wenn die Bildwiederholfrequenz 12 Hz beträgt, also 12 Bilder pro Sekunde aufgenommen werden, wird die Fläche immer schwarz oder immer weiß dargestellt werden, je nachdem, bei welcher Farbe das erste Bild aufgezeichnet wurde. Alle höheren Bildwiederholfrequenzen werden sowohl schwarze als auch weiße Flächen zeigen, die Farbänderungen finden jedoch nicht regelmäßig statt. Erst wenn die Anzahl der aufgenommenen Bilder mindestens doppelt so hoch ist wie die Frequenz des Farbwechsels, in unserem Beispiel also 24 Hz beträgt, werden alle Schwarz/Weiß-Zyklen richtig dargestellt. Man benötigt also pro analogem Zyklus immer mindestens zwei Abtastungen (Samples), um den Vorgang eindeutig richtig zu erfassen.

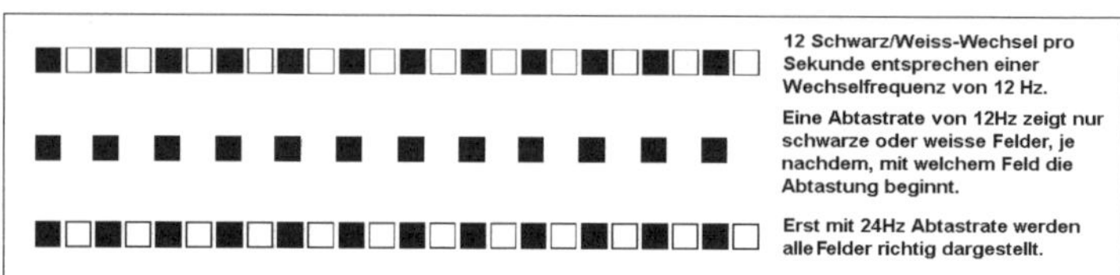

Abbildung 13: Shannon lässt grüßen

Bei gegebener Abtastfrequenz könnte man umgekehrt auch sagen: Alle Frequenzen, die größer als die halbe Abtastfrequenz sind, müssen vom Wandler fern gehalten werden, weil sie nicht richtig gewandelt werden könnten.

Alias-Störungen

Neben dem Problem der falschen Darstellung würden sie zusätzlich bei der Wandlung Störfrequenzen erzeugen. Man würde als Darstellung solcher Frequenzen ein Spiegelbild dieses Signals unterhalb der halben Abtastrate erhalten, die so genannten Alias-Störungen. In der Praxis werden solche zu hohen Frequenzen deshalb vor der Wandlung durch steilflankige Filter entfernt. Weil diese Filter Alias-Störungen verhindern, werden sie auch Anti-Aliasing-Filter genannt.

Ohne sie würde zum Beispiel ein 32 kHz-Ton, der mit 48 kHz abgetastet wird, einen 16 kHz-Ton (48 kHz – 32 kHz = 16 kHz) als Spiegelbild oder Alias-Ton erzeugen und damit im Hörbereich eine unschöne Störung verursachen. Warum dies so ist, kann die nächste Grafik einfach erklären.

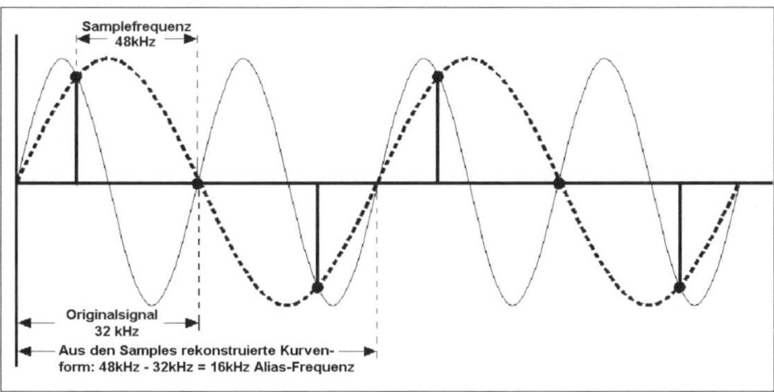

Abbildung 14: Die Entstehung eines Alias-Tones

Wir sehen in Abbildung 14 einen Sinuston mit einer Frequenz von 32 kHz (dünne Linie). Die Sinuswelle beginnt links auf der Null-Linie, erreicht ihren positiven Maximalwert, kreuzt die Null-Linie, erreicht ihren negativen Maximalwert, steigt und erreicht wieder die Null-Linie. Ein solcher Vorgang dauert bei einer Frequenz von 32 kHz 1/32.000 s = 31,25 µs (0,00003125 Sekunden) und wird eine Periode genannt. In Abbildung 14 sind vier Perioden des 32-kHz-Sinussignals dargestellt. Die Abtastfrequenz beträgt 48 kHz, zwischen zwei Abtastungen vergehen also 1/48.000 s = 20,83 µs (0,00002083 Sekunden). Die Abtastzeitpunkte sind markiert, es werden die als Striche gekennzeichneten und an den Punkten endenden Werte ermittelt. Die gestrichelte Linie stellt die Kurve dar, die sich aus der Rekonstruktion (DA-Wandlung) der ermittelten Abtastwerte ergibt. Wie man sieht, entsteht ein neues Signal mit einer niedrigeren Frequenz als das Originalsignal. Die Frequenz des neuen Signals liegt im hörbaren Bereich, dieses Signal wird als Aliasstörung bezeichnet und hat im Falle unseres Beispiels die Frequenz 16 kHz (48 kHz – 32 kHz = 16 kHz).

Der Zusammenhang mit bestehenden Videoformaten
Ein weiterer Faktor, der zur Wahl der heute üblichen Abtastfrequenzen führte, ist der folgende: In den Anfängen der digitalen Audiotechnik gab es große Schwierigkeiten, digitale Audiodaten zu speichern. Die benötigte Übertragungsrate von 1 Mbit/Sekunde pro Audiokanal konnte zwar von Harddisks geboten werden, deren Kapazität war zu diesem Zeitpunkt allerdings noch viel zu klein, um längere Aufnahmezeiten zu ermöglichen.

Die Wahl fiel deshalb auf Videorecorder als Aufzeichnungsgeräte. Es wurde ein Pseudo-Videosignal erzeugt, der binäre Charakter (nur zwei Zustände wie z.B. „0“ und „1“) wurde durch Speichern von Schwarz- und Weiß-Werten erreicht.

Video als Speichermedium

Ein Fernsehbild wird in Zeilen zerlegt, die wegen des sonst auftretenden Flimmerns nicht in ihrer Reihenfolge aufgezeichnet oder übertragen werden, sondern in zwei Halbbildern (geradzahlige und ungeradzahlige Zeilen). Diese Zeilen werden im Fernsehgerät wieder ineinander verschachtelt, so dass aus zwei Halbbildern wieder ein Vollbild entsteht.

Die Samplingfrequenz digitaler Systeme musste mit der Bildwiederholfrequenz und Zeilenzahl des verwendeten Videoformates in einem Verhältnis stehen, das es erlaubte, eine ganze Zahl von Audiosamples pro Bildzeile unterzubringen. Die Speicherung konnte auf einem Schwarz/Weiß-Videorecorder erfolgen, verwendet wurden die Systeme 525 Zeilen mit 60 Hz Wiederholfrequenz (NTSC) und 625 Zeilen mit einer Wiederholfrequenz von 50 Hz(PAL). Es galt also, eine Frequenz zu finden, die ein Vielfaches dieser beiden Fernsehnormen darstellte und unter Berücksichtigung des oben erwähnten Shannon-Theorems als Abtastfrequenz für die digitale Audioanwendung geeignet war.

Im 525/60 Videoformat (NTSC) sind 35 Zeilen nicht für Bildinformationen genutzt, sie können für andere Informationen (z.B. Videotext etc.) verwendet werden. Zum Speichern von Audiosamples bleiben demnach 490 Zeilen pro Bild, also 245 Zeilen pro Halbbild. Wenn 3 Samples pro Zeile gespeichert werden, ergibt dies 60 (Hz) x 245 (Halbbilder) x 3 (Samples) = 44,1 kHz.

NTSC-Format

Beim 625/50 Videoformat (PAL) sind 37 Zeilen nicht nutzbar, übrig bleiben 588 Zeilen pro Bild, 294 pro Halbbild. Dies ergibt ebenfalls eine Samplingfrequenz von 50 (Hz) x 294 (Halbbilder) x 3 = 44,1 kHz.

So wurde 44,1 kHz die Samplingfrequenz der Compact Disc. Obwohl hier keine Relation zu Videoformaten nötig gewesen wäre, wurde sie so gewählt, da zunächst (und für eine relativ lange Zeit) nur Videosysteme zum Erstellen von CD-Mastern zu Verfügung standen.

Varispeed

Wegen eines physikalischen Grundgesetzes und den zu Zeiten der Entscheidungsfindung begrenzten technischen Möglichkeiten für die Aufzeichnung wählte man also 44,1 kHz als Samplingfrequenz für den Consumer-Bereich.

Warum aber sind im professionellen Bereich 48 kHz üblich? Hier wurde auch für digitale Aufnahmen eine Varispeed-Funktion gefordert, wie sie bei analogen Aufzeichnungsverfahren möglich ist, um die Tonhöhe einer Aufnahme zu verändern. Bei elektronischen Musikinstrumenten ist es ein Handgriff, einen Flügel oder ein Klavier neu zu stimmen, wenn die bisherige Aufnahme in der Tonhöhe nicht genau mit der Stimmung des Instrumentes übereinstimmt, ist dagegen unmöglich. Schon bei den ersten analogen Bandmaschinen für Tonstudios war deshalb eine in Grenzen variable Bandgeschwindigkeit vorgesehen, um so die gesamte Aufnahme in der Tonhöhe zu verändern und einem nur schwer stimmbaren Instrument anzupassen. Der Effekt der Tonhöhenveränderung wird auf der digitalen Ebene durch variieren der Samplefrequenz erreicht. Man einigte sich auf einen in der Analogtechnik auch üblichen Varispeed-Bereich von +/-12,5 Prozent, bei 48 kHz -12,5 Prozent ergibt sich eine Samplefrequenz von 42,00 kHz, die volle Übertragungsbandbreite bis 20 kHz ist somit auch bei Varispeed gewährleistet (Shannon, siehe oben).

Und der Klang?

Über die Auswirkungen der Samplefrequenz auf den Klang gibt es mannigfaltige Theorien, die innerhalb der Reihen von wirklichen und selbst ernannten Experten immer wieder zu heftigem Streit führen. Sicherlich ist die Wahl der professionellen Samplefrequenz von 48 kHz nicht aus klanglichen Gründen erfolgt, der Unterschied zu 44,1 kHz ist dafür zu gering.

In diesem Zusammenhang muss auch die Diskussion um eine höhere Samplingfrequenz erwähnt werden, wie sie vom Format DVD-Audio eingeführt wurde. Hier wird mit 96 kHz Samplefrequenz gearbeitet. Obwohl unser Ohr nachweislich oberhalb von 20 kHz keine Schallereignisse mehr wahrnehmen kann, tragen eventuell auch Frequenzen oberhalb von 20 kHz zum Klangcharakter von Instrumenten bei und haben möglicherweise einen Einfluss auf unser räumliches Hören. Ich möchte die Diskussion über Sinn oder Unsinn höherer Samplefrequenzen hier nicht fortführen, wir widmen uns diesem Thema im Anschluss an das Kapitel über AD- und DA-Wandlertechnik noch einmal etwas ausführlicher.

In sehr vielen Versuchen wurde festgestellt, dass die Wortbreite eines digitalen Audiosignals einen ungleich höheren Einfluss auf die Audioqualität ausübt, als dies die Samplingfrequenz tut. Der Klangunterschied zwischen einer 16-Bit-Aufzeichnung und einer 24-Bit-Aufzeichnung ist für die meisten Menschen deutlich hörbar, der Klang wird analoger und von den meisten Versuchspersonen als angenehmer empfunden. Dies trifft vor allem aus im nächsten Abschnitt erklärten Gründen auf Signale mit kleiner Amplitude zu.

3.1.2 Die Wahl der Samplefrequenz, kurz und bündig

- Die Samplefrequenz bestimmt die Breite der bei der Wandlung entstehenden Treppenstufen
- Laut Abtasttheorem nach Shannon muss die Samplefrequenz mindestens doppelt so hoch sein wie die höchste Frequenz des zu wandelnden Signals
- Die heute übliche Samplefrequenz von 44,1 kHz entstand im Zusammenhang mit den zur Verfügung stehenden Video-Aufzeichnungsgeräten
- Der Trend geht zu höheren Samplefrequenzen, nachdem entsprechend große Speichermedien wie zum Beispiel DVD verfügbar sind
- Klanglich wirkt sich eine höhere Samplefrequenz weniger aus als eine höhere Wortbreite

3.1.3 Die Wortbreite und ihre Auswirkungen

Nachdem das analoge Signal nun mit einer genügend hohen Samplefrequenz abgetastet wurde, liegen die einzelnen Samples zunächst noch als analoge Messwerte vor. Um die Werte digital weiterverarbeiten zu können, müssen sie nun in ein digitales Wort umgewandelt werden. Wie dies geschieht, wird im nächsten Kapitel erklärt. Hier soll uns zunächst nur die Frage beschäftigen, was der Begriff der Wortbreite bedeutet, welchen Einfluss dieser Parameter auf die Audioqualität hat und wie groß die Wortbreite des entstehenden Binärwortes werden soll.

Unter der Wortbreite oder auch Wortlänge eines Binärwortes versteht man die Anzahl der Stellen, aus denen ein digitales Datenwort besteht. Eine Stelle einer Binärzahl besteht nur entweder aus einer Null oder einer Eins, sie wird ein Bit (Binary Digit) genannt.

Fullscale

Wenn wir eine normale Dezimalzahl vor uns haben und zusätzliche Ziffern einfügen, bewirken wir, dass diese Zahl immer größer und größer wird. In der Digitaltechnik, in der wir es ausschließlich mit Binärzahlen zu tun haben, ist dies nicht der Fall. Hier müssen wir von einem größten möglichen Wert ausgehen, der in der Audiotechnik einem so genannten Fullscale-Signal entspricht, und jede Vergrößerung unserer binären Zahl vergrößert den Bereich von diesem maximal möglichen Wert hin zu kleineren möglichen Werten, also nach unten. Man kann demnach mit einer immer größer werdenden Wortbreite immer kleinere Signale aufnehmen oder darstellen. Wenn man z. B. die größte darstellbare Zahl (Fullscale) als „1" darstellte, würde eine Erweiterung der Wortlänge eine Vergrößerung dieser Zahl um Zahlen hinter dem Komma bedeuten. Drei Zahlen mehr würden uns also erlauben, die Zahl 0,999 darzustellen und damit als kleinste Zahl 0,001 zu erfassen. Die Zahl „1" würden wir jedoch mit keiner beliebigen Wortlänge jemals erreichen.

Die zur Verfügung stehende Wortlänge gibt uns demnach Auskunft darüber, wie genau ein ermittelter Messwert (ein Sample) als Digitalzahl ausgedrückt werden oder in wie viele Stufen der Messwert eingeteilt werden kann. In der unten dargestellten Grafik kann man leicht sehen, dass die Wortbreite damit ein Maß für die Höhe der bei der Wandlung entstehenden Treppenstufen ist, der kleinste mögliche Wert kommt in diesem Beispiel bei Maximum und Minimum der dargestellten Kurvenform vor.

Quantsierungs-Intervall

Grundsätzlich sind die gezeigten Stufen leider nicht vermeidbar, sie stellen sozusagen einen Teil der Wesens der digitalen Audiotechnik dar. Die Höhe einer solchen Stufe ist also von der Wortbreite abhängig. Sie stellt die kleinste Schrittweite dar, die sich ausdrücken lässt und wird auch als Quantisierungsintervall bezeichnet.

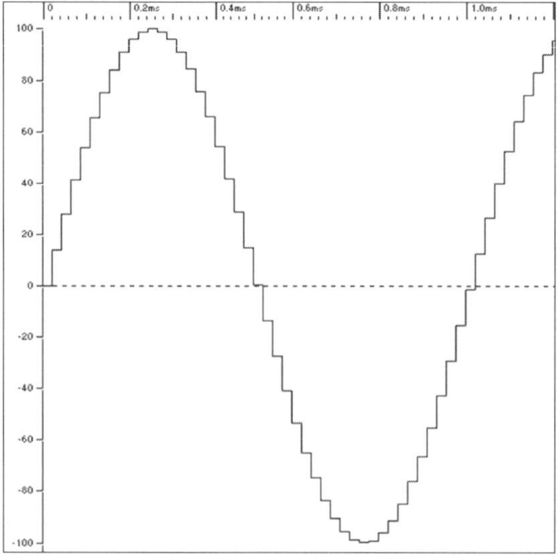

Abbildung 15: Ein quantisiertes 1-kHz-Sinussignal (Abtastfrequenz 44,1 kHz).

Wie groß sollte die Wortbreite nun sei? Zum Beispiel kann man mit einem Zwei-Bit-Wort vier Kombinationen bilden, nämlich 00, 01, 10 und 11. Die größte darstellbare Dezimalzahl ist damit 3, es können nämlich die 0 (binär 00), die 1 (binär 01), die 2 (binär 10) und die 3 (binär 11) dargestellt werden. Mit einem 4-Bit-Wort sind bereits 16 Kombinationen und damit die Dezimalzahlen von 0 bis 15 darstellbar, unser in der digitalen Audiotechnik bei der CD benutzter 16-Bit-Standard ist in der Lage, 65.536 Werte anzunehmen. Bemühen Sie Ihren Taschenrechner: Die Anzahl der möglichen Werte ist immer 2 hoch der Anzahl der verwendeten Bits, bei 16 Bit also $2^{16} = 65.536$.

16 Bit = 1 µV Auflösung

Mit anderen Worten, es gibt 65.536 verschiedene Kombinationsmöglichkeiten von „0" und „1". Dies entspricht 65.536 fünfstelligen Messwerten (65.536 = 5 Stellen), damit kann ein gemessener Spannungswert also mit einer Genauigkeit von 0,00001 Volt = 1 µVolt dargestellt werden. Dies ist eine für auch für hochwertige Messgeräte sehr hohe Genauigkeit. Warum wir trotz dieser schon sehr hohen Genauigkeit nach Höherem streben und der Trend eindeutig zu 24 Bit Auflösung geht, werden wir später noch sehen.

Zunächst muss noch einmal gesagt werden, dass auch eine Auflösung in beliebiger Höhe nie alle vorkommenden analogen Werte genau darstellen kann. Nur durch Zufall entspricht der abgetastete Wert genau einer der darstellbaren Zahlen, die die oben abgebildeten Treppenstufen erzeugen. In den meisten Fällen liegt der tatsächliche Wert entweder oberhalb oder unterhalb, also irgendwo innerhalb des Quantisierungsintervalls. Die Elektronik des Wandlers muss eine Entscheidung treffen, ob ein größerer oder kleinerer als der tatsächliche Wert für die Darstellung des Samples benutzt werden soll.

Quantisierung

Da bei der Rückwandlung, der DA-Wandlung, der Originalwert nicht mehr bekannt ist und deshalb nicht mehr nachvollzogen werden kann, ob ab- oder aufgerundet wurde, wird ein Wert genau in der Mitte des Quantisierungsintervalls als richtig angenommen. Der durch die Quantisierung zwangsläufig entstehende Fehler wird dadurch halbiert. Dieser (fast) immer entstehende Fehler wird Wandlungsfehler oder Quantisierungsfehler genannt. Er wird natürlich kleiner, je geringer die Höhe der Treppenstufen ist, also je größer die Wortbreite der Digitalwortes ist, in das ein analoger Wert umgewandelt wird.

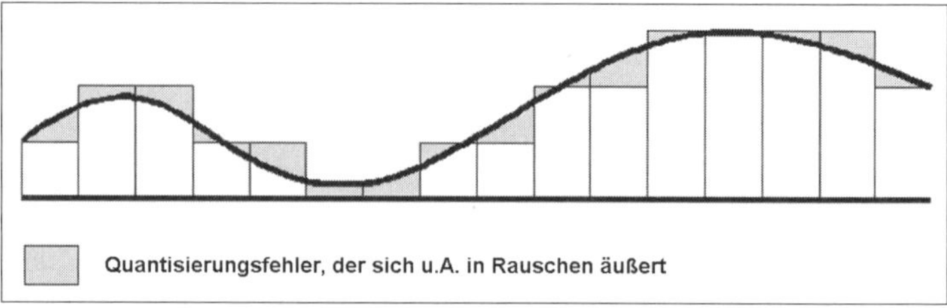

Abbildung 16: Die Entstehung von Quantisierungsfehlern

Quantisierungsfehler äußern sich nach dem Rückwandeln in analoge Signale unter anderem in Rauschen, so dass die Wortbreite also den bestenfalls möglichen Fremdspannungsabstand (Differenz zwischen Störsignalen und dem Nutzsignal) bestimmt. Wenn man andere Störquellen außer Acht lässt und voraussetzt, dass die zu wandelnde Kurvenform den höchsten noch möglichen Pegel aufweist, kann man sagen, dass je Bit Wortbreite 6,02 dB + 1,76 dB Fremdspannungsabstand erreicht werden können. Dies ergibt bei 16 Bit einen bestenfalls erreichbaren Wert von (16 x 6,02) + 1,76 dB = 98,1 dB. Vereinfacht kann man von 6 dB pro Bit Wortbreite ausgehen. Dieser theoretische Wert wird in der Praxis allerdings nie erreicht, warum dies so ist, wird später noch erläutert.

3.1.4 Die Wortbreite und ihre Auswirkungen, kurz und bündig

- Die Wortbreite bestimmt die Höhe der bei der Wandlung entstehenden Treppenstufen
- Die heute übliche Wortbreite von 16 Bit erlaubt eine Messwert-Auflösung von 1 µVolt
- Der mögliche Fremdspannungsabstand wird wegen der Quantisierungsfehler durch die Wortbreite begrenzt. Bei 1 6 Bit sind theoretisch ca. 96 dB möglich
- Der Trend geht zu höheren Wortbreiten (24 Bit), nach dem entsprechend große Speichermedien wie zum Beispiel DVD verfügbar sind
- Klanglich wirkt sich eine höhere Wortbreite deutlicher aus als eine höhere Samplefrequenz

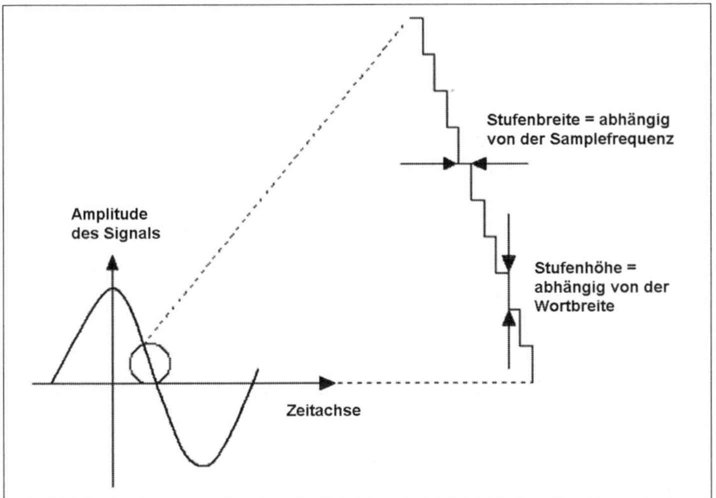

Abbildung 17: Einfluss von Wortbreite und Samplefrequenz

Zusammenfassend kann man also sagen, dass die Samplefrequenz ein Maß für die Breite der bei der AD-Wandlung entstehenden Treppenstufen ist, die Wortbreite des Binärwortes bestimmt die Höhe der Treppenstufen.

Für Interessierte wird im folgenden Abschnitt näher erklärt, wie das binäre Zahlensystem funktioniert. Sie können diesen Abschnitt auch überspringen, er ist zum Verständnis der folgenden Kapitel nicht unbedingt notwendig.

3.1.5 Die Zahlensysteme, Grundlage allen Rechnens

3.1.5.1 Das Dezimalsystem, die Grundlage der modernen Mathematik

In unserem Umgang mit Zahlen hat sich das Dezimalsystem seit über 2.000 Jahren als praktikable Lösung durchgesetzt. Dies ist für uns so selbstverständlich geworden, dass wir nicht mehr bewusst darüber nachdenken, wie Zahlensysteme überhaupt funktionieren. Wir sehen uns deshalb zunächst die genaue Funktion des Dezimalsystems an:

Die Zahl 3.526 ist in unserem Dezimalsystem folgendermaßen zusammengesetzt:

3	5	2	6
Anzahl der Tausender;	Anzahl der Hunderter;	Anzahl der Zehner;	Anzahl der Einer;
3 x (10^3 = 1000)	5 x (10^2 = 100)	2 x (10^1 = 10)	6 x (10^0 = 1)

Die Grundlage (Basis) des dezimalen Zahlensystems ist die Zahl 10. Die einzelnen Ziffern einer Zahl sagen aus, wie oft die entsprechende Zehnerpotenz vorkommt. Von rechts nach links bilden die Ziffern dabei den Multiplikator für 10^0, 10^1, 10^2, 10^3 und so weiter.

3.1.5.2 Das Binärsystem, die Grundlage der Digitaltechnik

Wie im Dezimalsystem die Basis aller Zahlen die Zahl 10 ist, so ist im Binärsystem die Basis die Zahl 2. Da dieses System für Rechenmaschinen entwickelt wurde und ein Computer nicht mit Zahlen umgehen kann, sondern nur Zustände wie an/aus, ja/nein oder 0/1 versteht, kann man nicht wie im Dezimalsystem angeben, wie oft die entsprechende Potenz der Zahl 10 vorkommt (3 x 10^3), (5 x 10^2) u.s.w. Im Binärsystem besteht die einzige Möglichkeit darin, anzugeben, ob eine bestimmte Potenz von 2 überhaupt vorkommt, dies wird durch eine „1“ (= Spannung vorhanden) oder eine „0“ (= Spannung nicht vorhanden) ausgedrückt.

Sehen wir uns erneut die Zahl 3.526 an.

Als Binärzahl ausgedrückt setzt sie sich aus der Summe der in der Zahl enthaltenen Potenzen von 2 zusammen und lautet

110111000110

Diese Binärzahl entsteht wie folgt:

1 x 2^{11} =2.048	2.048	Dies ist die höchste in 3.526 enthaltene Potenz von 2
1 x 2^{10} =1.024	1.024	Die nächst kleinere Potenz von 2 ist ebenfalls noch enthalten. Die Summe der beiden Zahlen ist 3.072
0 x 2^9 = 512	0	Nicht mehr enthalten, die Summe wäre 3.072 + 512 = 3.584 und damit größer als unsere Beispielzahl 3.526. Also eine „0“

1×2^8	=	256	256	3.072 + 256 = 3.328, also enthalten, daher eine „1“
1×2^7	=	128	128	3.328 + 128 = 3.456, diese 2er-Potenz kommt also vor
1×2^6	=	64	64	3.456 + 64 = 3520, auch 64 = 26 ist also vorhanden
0×2^5	=	32	0	3.520 + 32 = wäre zu groß, also „0“
0×2^4	=	16	0	3.520 + 16 = wäre auch zu groß, also „0“
0×2^3	=	8	0	3.520 + 8 = 3.528, noch zu groß, also ebenfalls „0“
1×2^2	=	4	4	3.520 + 4 = 3.524. Ist in 3.526 enthalten, also eine „1“
1×2^1	=	2	2	3.524 + 2 = 3.526, dies ist die gesuchte Zahl.
0×2^0	=	1	0	3.526 ist bereits erreicht, also eine „0“ zum Abschluss
Summe	=			3526

Die Dezimalzahl 3.526 hat vier Stellen, wie wir sehen, benötigen wir 12 Stellen, um den gleichen Wert als Binärzahl darzustellen, es handelt sich um ein 12 Bit-Wort, mit dem maximal der Wert $2^{12} = 4096$ dargestellt werden könnte, wenn alle Bits = „1“ gesetzt wären.

MSB/LSB

In der Darstellung der Zahl 3.526 als Binärzahl [110111000110] wurde das Bit mit dem höchsten Wert (1×2^{11}) links geschrieben. Dieses Bit nennt man das MSB = Most Significant Bit, sozusagen das wichtigste Bit, weil es den größten Wert repräsentiert. Das ganz rechts stehende Bit mit dem niedrigsten Wert (0×2^0=1) wird LSB = Least Significant Bit genannt.

Im von uns verwendeten Dezimalsystem ist es selbstverständlich, Zahlen von links nach rechts zu lesen, deshalb steht links die Zahl, die den größten Wert darstellt. In unserem Beispiel ist dies die 3, die für 3×10^3 ,also 3 x 1000 steht. In der obigen Darstellung der Binärzahl habe ich deshalb auch links das MSB geschrieben. Dies ist in der digitalen Audiotechnik jedoch keineswegs selbstverständlich! Bei der Übertragung digitaler Audiodaten z.B. über eine AES/EBU-Schnittstelle kam es Anfangs dadurch zu Inkompatibilitäten, dass einige Hersteller Daten der Channel-Bits mit dem MSB voran, andere mit dem LSB voran übertrugen, was natürlich zu völlig anderen Werten und dadurch zu Fehlinterpretationen führte.

3.1.6 Die Digitalisierung analoger Werte: Die AD-Wandlung

Nachdem wir die Bedeutung der beiden wichtigen Begriffe Wortbreite und Samplefrequenz, deren Einfluss auf die erreichbare Audioqualität und das binäre Zahlensystem kennen gelernt haben, stellt sich die Frage, wie die Umwandlung analoger Werte in Binärzahlen genau erfolgt und welche Qualitätskriterien hierbei existieren.

Der Prozess der AD-Wandlung besteht aus mehreren Arbeitsschritten: Als erster Schritt dieses Prozesses muss ein Schallereignis natürlich zunächst in eine elektrische Spannung umgewandelt werden, wenn es nicht schon in elektrischer Form vorliegt. Von dieser Spannung, die sich kontinuierlich analog zum Schall ändert, werden nun im zweiten Schritt Momentaufnahmen gemacht, indem das Signal in regelmäßigen Abständen abgefragt wird.

Sample & Hold

Die so entstehenden „Einzelbilder" oder Samples werden zunächst gespeichert. Diesen Teil der Aufgabe übernimmt eine so genannte Sample-and-Hold-Schaltung. (Sample = Probe, Muster)

Das abgespeicherte Sample ist zunächst noch in seiner analogen Form als eine elektrische Spannung vorhanden. Ein analoges Messgerät könnte den Wert in unserem dezimalen Zahlensystem darstellen, es würde zum Beispiel 0,775 Volt anzeigen, wenn man die Skala entsprechend groß und damit genau ablesbar gestalten würde.

Da die Aufgabe aber Analog/Digital-Wandlung heißt und die Weiterverarbeitung der einzelnen Messwerte auf digitaler Ebene erfolgen soll, muss dieser analoge Spannungswert nun im nächsten Schritt in einen digitalen Wert, also in eine Zahl umgewandelt werden. Für diesen Bearbeitungsschritt, die eigentliche Wandlung der analogen Werte in Binärzahlen, gibt es mehrere Methoden, sie sind das Haupt-Unterscheidungsmerkmal der verschiedenen verwendeten Wandler-Typen. Über qualitative Unterschiede der verschiedenen Methoden gab es in der Audiogemeinde immer wieder heftige Diskussionen. Heute werden meist so genannte Delta-Sigma Wandler ($\Delta\Sigma$) verwendet, eine andere, ältere Methode ist die der schrittweisen Annäherung an den jeweiligen Wert, die so genannte sukzessive Approximation. Obwohl das $\Delta\Sigma$-Prinzip so viele Vorteile hat, dass heute fast nur noch Delta-Sigma-Wandler verwendet werden, soll zunächst das Prinzip der sukzessiven Approximation kurz beschrieben werden, weil sich hieran die grundsätzlichen Funktionen gut darstellen lassen. Zunächst jedoch sehen wir uns in der folgenden Grafik noch einmal an, wie einAD-Wandler prinzipiell aufgebaut ist.

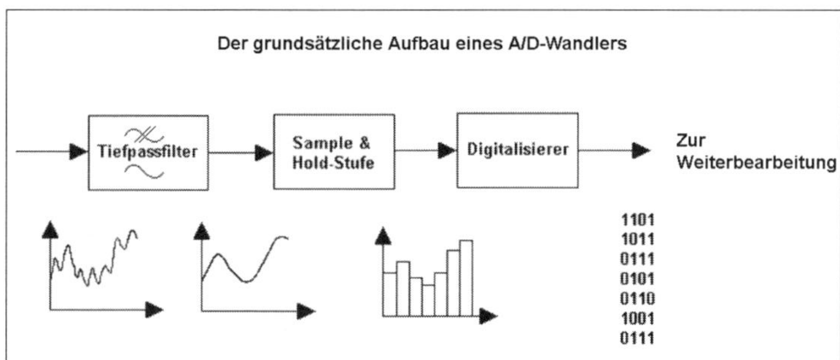

Abbildung 18: Komponenten eines DA-Wandlers

In der obigen Abbildung ist ein Bearbeitungsblock zu sehen, der in der bisherigen Beschreibung noch nicht erwähnt wurde, der erste, mit „Tiefpassfilter" bezeichnete Block. Seine Funktion besteht darin, Frequenzen oberhalb der halben Samplefrequenz von den folgenden Stufen fern zu halten, um das im vorigen Abschnitt über die Wahl der Samplefrequenz erwähnte Entstehen von Aliasfrequenzen zu verhindern.

3.1.6.1 Die schrittweise Annäherung oder sukzessive Approximation

Die sukzessive Approximation war eine der ersten und gleichzeitige eine der erfolgreichsten Methoden, analoge in digitale Werte zu wandeln. Es ist also nicht verwunderlich, dass dieses Verfahren für einige Zeit die Basis aller digitalen Audiogeräte bildete und sozusagen den Weg für das heute meist verwendete Verfahren, die Delta-Sigma-Wandlung ($\Delta\Sigma$) ebnete.

Komperator

Das Herz eines Wandlers, der mit sukzessiver Approximation arbeitet, besteht aus einer elektronischen Schaltung, die zwei Werte miteinander vergleichen kann und als Ergebnis ausgibt, ob die Spannung an einem Eingang größer ist als die Spannung an einem zweiten Eingang. Ein solcher „Vergleicher" wird Komparator genannt. In unserem Beispiel-Wandler in Abbildung 19 wird sein Ausgang positiv, wenn die Spannung am „-"-Eingang (hier kommt das analoge Eingangssignal an) größer ist als die Spannung am „+"-Eingang, der sein Signal von einem Digital/Analog-Wandler erhält. Der Ausgang des Komparators steuert die weiteren Stufen.

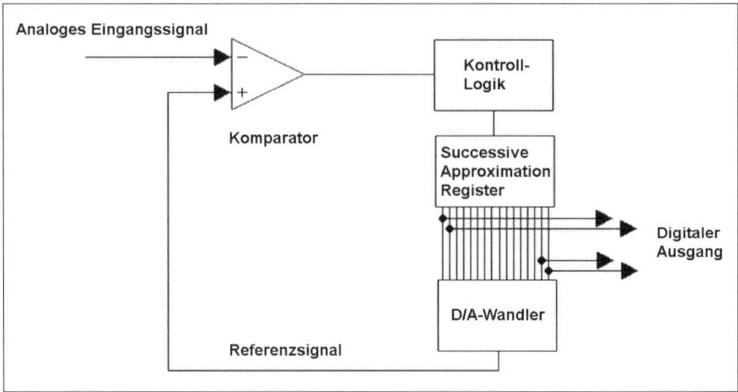

Abbildung 19: Sukzessive Approximation

Die Bezeichnung „schrittweise Annäherungen“ erklärt bereits sehr gut, wie ein solcher Wandler funktioniert: Jedes ankommende, noch analoge Sample wird bewertet, indem ein Digital/Analog-Wandler zunächst, von dem in Abbildung 19 auch eingezeichneten Register gesteuert, die Hälfte seiner höchsten möglichen analogen Spannung abgibt. Am Ausgang des Komparators erscheint nun die Meldung, ob die so erzeugte Referenzspannung größer oder kleiner als die analoge Eingangspannung ist. Entsprechend dieser Meldung steuert das Register den DA-Wandler so, das dieser seine Ausgangsspannung halbiert oder verdoppelt. Der Vergleichsvorgang wiederholt sich. Er wird so oft durchgeführt, wie die Wortbreite des gewünschten binären Wortes dies erfordert. Das Ergebnis des Vergleichs ist jeweils eine „1“ oder eine „0“, je nachdem, ob die Vergleichsspannung größer oder kleiner als die zu wandelnde Eingangsspannung war.

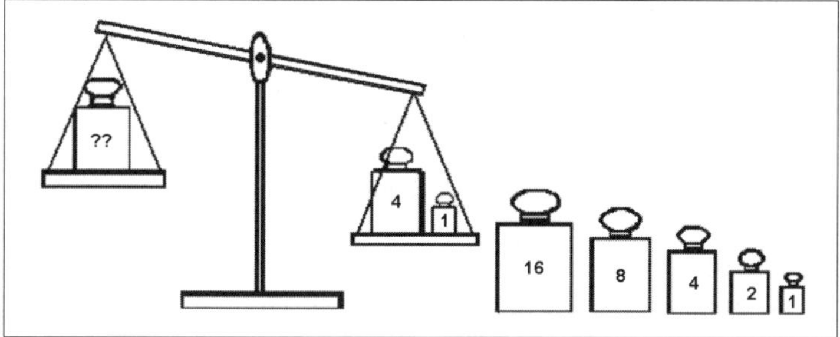

Abbildung 20: Sukzessive Approximation zum Ermitteln eines Gewichtes

Wegewandler

Man kann diesen Vorgang mit dem Ermitteln eines unbekannten Gewichtes vergleichen. In Abbildung 20 sehen wir neben der Waage eine Reihe von Gewichten mit jeweils verdoppelter Masse. Zunächst wird das unbekannte Gewichtes mit dem schwersten vorhandenen Gewichte verglichen. Ist dies zu schwer, nehmen wir es von der Waagschale und notieren eine „0", ist es nicht schwer genug, bleibt es auf der Waagschale und wir notieren eine „1". Das nächst kleinere Gewicht mit halber Masse wird auf die Waagschale gestellt. Erneut erfolgt ein Vergleich mit dem unbekannten Gewicht. Wieder bleibt das Gewicht auf der Waagschale (eine „1" wird notiert), wenn das unbekannte Gewichtes noch schwerer ist, oder wird entfernt (= „0"), wenn dies nicht der Fall ist. Dieser Wiegevorgang wird sooft wiederholt, bis eine Übereinstimmung innerhalb der möglichen Genauigkeit besteht oder alle Gewichte benutzt wurden.

Übersteuerung

Wenn alle Gewichte benutzt wurden und in ihrer Summe zu leicht sind, kann das unbekannte Gewicht nicht ermittelt werden, ohne mit einem noch größeren Gewicht zu beginnen. Wir müssten also ein Gewicht hinzunehmen, auf der digitalen Ebene würde dies bedeuten, die Wortbreite um ein Bit zu erhöhen. Da dies bei einem Wandler nicht möglich ist, entspricht dieser Fall einer digitalen Übersteuerung. Alle Bits sind auf eins gesetzt (alle Gewichte wurden verwendet), der tatsächliche Wert der Eingangsspannung ist aber höher und kann deshalb nicht dargestellt werden. Ebenso wenig kann in einem solchen Fall auf Grund der notierten Werte, die alle =„1" sind, im nachhinein festgestellt werden, ob das zu messende Gewicht genau diesen Wert hatte oder ob es schwerer war und nicht gemessen werden konnte. Dies bedeutet auch auf der Ebene der digitale Audiodaten, dass ein Audiowort, das zum Beispiel aus 16 x „1" besteht (1111111111111111), entweder diesen Wert haben konnte oder aber von einem wesentlich höheren analogen Wert erzeugt wurde, der den Wandler übersteuerte. Wie man trotz dieser Tatsache versucht, Übersteuerungen auch auf der digitalen Ebene zu erkennen, können Sie in einem späteren Kapitel nachlesen.

PCM

Das Prinzip der sukzessiven Approximation ist ein Beispiel für Puls-Code-Modulation (PCM). Das Ausgangssignal eines solchen Wandlers besteht aus einer Serie von Digitalworten mit festgelegter Breite von zum Beispiel 16 Bit. Jedes dieser Worte repräsentiert den Wert eines Samples.

Wandler-Latenz

Wie wir erfahren haben, muss der beschriebene Vergleichsvorgang in mehreren Schritten für jedes Sample durchgeführt werden, es dauert deshalb einige Zeit, bis ein analoges Sample in einen digitalen Wert umgewandelt ist. Man bezeichnet diese Zeit als Durchlaufzeit oder auch als Latenz eines Wandlers. Ein Wandler nach dem Prinzip der sukzessiven Approximation hat eine relativ hohe Durchlaufzeit. Auch mit heutigen, schnellen Digitalbausteinen aufgebaut, kann er deshalb nur bei relativ niedrigen Samplefrequenzen eingesetzt werden.

Weitere Nachteile dieses Verfahrens sind, dass die Genauigkeit des erzeugten Digitalwortes von mehreren Komponenten abhängt, nämlich dem DA-Wandler, der die Referenzspannung erzeugt und dem Komparator, der die Spannungen miteinander vergleicht. Beide arbeiten wie alle elektronischen Schaltungen, die analoge Spannungen verarbeiten, temperaturabhängig. In aller Regel war bei Wandlern nach diesem Prinzip ein Linearitätsabgleich erforderlich, der auch in regelmäßigen Abständen wiederholt werden musste.

Zusätzlich müssen aus Gründen, die im Abschnitt über die Wahl der Samplefrequenz erläutert wurden, alle Signale vom Eingang des Wandlers fern gehalten werden, die höher als die Hälfte der Abtastfrequenz sind. Hierzu werden Filter verwendet, die eine sehr hohe Steilheit haben müssen. Diese so genannten Anti-Aliasing-Filter müssen bei den besprochenen Wandlern vor dem Vergleicher angeordnet sein, es muss sich also um analoge Filter handeln. Da analoge Filterstrukturen lange Zeit nur schwierig komplett zusammen mit den digitalen Teilen des Wandlers auf einem Halbleitersubstrat unterzubringen waren (sie nehmen sehr viel Platz in Anspruch), mussten getrennte Bausteine für Anti-Aliasing-Filter und Wandler verwendet werden, was die Kosten erhöhte.

Trotz der genannten Nachteile leisteten solche Wandler zu Anfang des digitalen Audiozeitalters mit 16-Bit-Worten und 44,1 kHz Samplingfrequenz sehr gute Dienste.

3.1.6.2 Delta-Sigma-Wandler

Delta-Sigma-Wandler, auch Bitstream-Wandler genannt, werden auf Grund ihrer vielen guten Eigenschaften heute fast ausschließlich verwendet. Sie bilden auch die Grundlage des neuen hochauflösenden Audioformates, das von Sony und Philips gemeinsam als Super-Audio-CD (SACD) auf den Markt gebracht wurde. Das Prinzip wurde bereits 1946 erstmals veröffentlicht und erhielt seinen Namen 1962 von zwei Wissenschaftlern der Universität Tokio. Auf Grund eines Übersetzungsfehlers wurde das Verfahren auch als Sigma-Delta-Modulation bekannt, richtig ist jedoch Delta-Sigma-Modulation.

Zum damaligen Zeitpunkt waren Wandler nach diesem Prinzip noch nicht zu erschwinglichen Preisen realisierbar, es dauerte gut 30 Jahre, bis die Fertigungstechnologie für hoch integrierte Halbleiter Bausteine ermöglichte, die schnell genug waren, die Theorie in industriellem Maßstab in die Praxis umzusetzen. Auch die erst seit einigen Jahren mögliche Integration von analogen und digitalen Baugruppen auf einem Chip, die so genannte „Mixed Signal"-Technologie trug zur Verwirklichung des Prinzips in industriellem Maßstab bei.

Der Ansatz dieses Wandlerprinzips ist ein völlig anderer als bei allen anderen Prinzipien:

Nicht die absolute Größe eines Samples wird erfasst und quantisiert, sondern die Differenz eines Samples zum vorherigen Sample.

Oversampling

Gehen wir jedoch zunächst noch einmal einen Schritt zurück: Wie vorher erläutert, entstehen bei der Wandlung von analogen in digitale Signale zwangsläufig Quantisierungsfehler, die sich unter Anderem in Rauschen äußern, das sich breitbandig über den gesamten Frequenzbereich bis hin zur oberen Grenzfrequenz verteilt, die durch das Shannon'sche Abtasttheorem bestimmt wird (siehe oben). Wenn wir nun die Abtastfrequenz und damit die obere nutzbare Audiofrequenz erhöhen könnten, würde sich dieses Rauschen auf einen größeren Bereich verteilen können und so im hörbaren Bereich niedriger werden.

Stellen wir uns eine bestimmte Wassermenge in einem Gefäß vor. Ziel soll sein, den Wasserstand (Rauschpegel) so niedrig wie möglich zu machen. Die Menge der Flüssigkeit (Quantisierungsrauschen) ist durch bestimmte Parameter vorgegeben, hieran können wir nichts ändern. Indem wir die gleiche Menge Flüssigkeit jedoch in ein Gefäß mit größerer Grundfläche umfüllen, verringern wir den Wasserstand. Da uns nur ein bestimmter Bereich interessiert (der Hörbereich), ist hier eine Verbesserung eingetreten, obwohl die Gesamtmenge an Wasser sich nicht verändert hat.

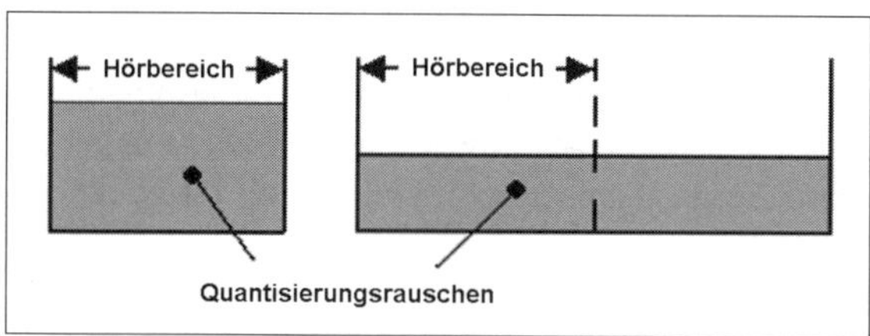

Abbildung 21: Das Prinzip des Oversamplings

Nach der so mit einer höheren Abtastrate erfolgten AD-Wandlung könnte ein digitales Filter den nicht benötigten Bereich oberhalb des hörbaren Bereiches wieder entfernen, danach könnte das Signal wieder auf die benötigte Samplefrequenz zurückgerechnet werden (Downsampling) und wir erhielten ein Signal, bei dem mit diesem Trick das Quantisierungsgeräusch reduziert worden wäre.

Durch Erhöhen der Abtastrate auf den doppelten Wert verteilt sich das Quantisierungsrauschen auf ein doppelt so breites Spektrum, nach der Filterung mit einem digitalen Tiefpass und Downsampling erhält man ein um das Verhältnis 1:2 = 6 dB reduziertes Rauschsignal. Wie in vorigen Abschnitt über die Auswirkungen der Wortbreite erläutert, wird das Quantisierungsrauschen auch mit Vergrößern der Wortbreite um 1 Bit um jeweils 6 dB reduziert. Von diesem Standpunkt aus betrachtet kann also bei gleichem Quantisierungsrauschen ein mit der doppelten Abtastrate gewandeltes Signal eine um 1 Bit reduzierte Wortbreite aufweisen.

Genau dieser Gedanke wird bei Delta-Sigma-Wandlern auf die Spitze getrieben: Die Abtastrate wird so stark erhöht, dass letztlich nur noch 1 Bit zur Wandlung benutzt werden muss, um das gleiche Quantisierungsrauschen zu erreichen wie bei einer höheren Wortbreite und entsprechend niedrigerer Samplefrequenz. Ein $\Delta\Sigma$-

Wandler arbeitet deshalb mit mindestens 64-facher Überabtastung (ca. 3 MHz) und einer Auflösung von einem Bit.

Er besteht aus nur zwei Funktionsgruppen, einem Modulator und einem darauf folgenden digitalen Filter. Auch diese Einfachheit macht ΔΣ-Wandler so erfolgreich, weniger Bauteile bedeuten neben einem niedrigeren Preis weniger Bauteile-Toleranzen und damit eine bessere Genauigkeit, aber auch eine deutlich höhere Bearbeitungsgeschwindigkeit. Die Latenzzeit moderner ΔΣ-Wandlern beträgt maximal 1,5 ms.

Differenz = Δ = Delta

Wie bei dem oben beschriebenen Wägeverfahren ist ein Komparator für das Vergleichen von zwei Signalen zuständig, nur wird bei ΔΣ-Wandlern das Ausgangssignal dieser Stufe auf den Eingang zurückgeführt, so dass der Komparator immer den Unterschied des aktuellen Samples zum vorherigen Sample ermittelt. Mathematiker bezeichnen die Differenz mit dem griechischen Buchstaben Δ = Delta, hiermit ist der erste Teil des Namens erklärt.

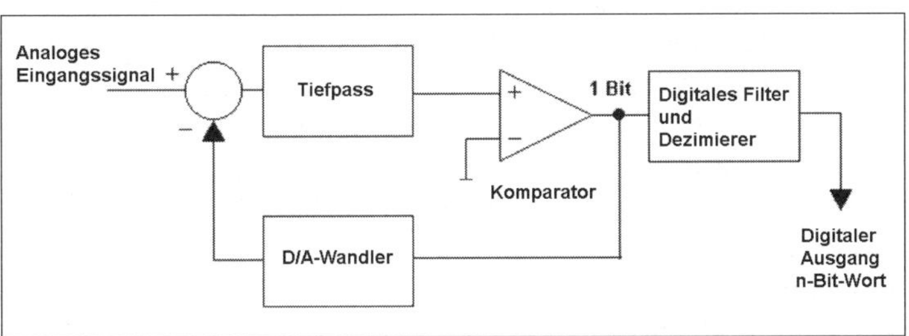

Abbildung 22: Prinzip eines Delta-Sigma-Wandlers

Summe = Sigma

Der zweite Teil des Namens stammt vor der Summierungsstufe, die im obigen Bild als Kreis dargestellt ist und das zurückgeführte Signal mit dem analogen Eingangssignal addiert. Die Summe wird in der Mathematik mit dem griechischen Buchstaben Σ = Sigma bezeichnet. Der Komparator erhält durch diese Rückkopplung/Summierung den Unterschied der beiden Signale zum Vergleichen und meldet an seinem Ausgang, ob das aktuelle Sample größer (= 1) oder kleiner (=0) als das Vorige ist. Es entsteht ein Bitstrom, bei dem die Breite der Impulse proportional zum Verlauf des Pegels ist.

In Bild 22 ist nach dem Komparator noch ein mit „Digitales Filter und Dezimierer“ bezeichneter Kasten zu sehen. Das Filter hat wie oben beschrieben die Aufgabe, das Signal auf den hörbaren Bereich zu beschränken und damit einen Teil der Rauschenergie zu verbannen, die Dezimation erzeugt aus dem kontinuierlichen 1-Bit Datenstrom ein PCM-Datenwort mit der gewünschten Wortbreite zur Weiterverarbeitung, in Abbildung 22 als n-Bit-Wort bezeichnet.

Gute ΔΣ-Wandler erreichen technische Daten, die vor einigen Jahren undenkbar waren und zum Teil über das hinausgehen, was mit der zwangsläufig notwendigen analogen Peripherie realisierbar ist. AD-Wandler bestimmen damit nicht mehr die Grenze des Machbaren, wenn es um Rauschfreiheit geht.

3.1.6.3 Dithering bei der AD Wandlung: Mit Rauschen zu besserem Klang

Bei dem im folgenden kurz erläuterten Verfahren geht es nicht darum, den Fremdspannungsabstand eines digitalen Systems messtechnisch erfassbar zu verbessern, diese Grenze wird ja von der Wortbreite, der Qualität der Wandler und der beteiligten analogen Komponenten bestimmt. Ziel ist es vielmehr, den Klang der unvermeidlichen Störgeräusche, hier des Granulargeräusches, das bei der Wandlung niedriger Pegel auftritt, so zu verändern, dass eine subjektive Verbesserung des Fremdspannungsabstandes erreicht wird. Granulargeräusch tritt besonders dann auf, wenn das zu quantisierende Signal bei niedrigem Pegel gleichförmig ist, wenn es sich also zum Beispiel um einen ausklingenden Sinuston handelt, wie er von Saiteninstrumenten erzeugt wird. Der ausklingende Ton wird von immer weniger Bits repräsentiert, bis die Signale letztlich zwischen den beiden Werten „0" und „1" hin und her springen und dadurch extreme Verzerrungen hervorrufen. Beim so genannten Dithering wird das Prinzip der Maskierung oder Verdeckung angewandt. Es besteht darin, bei der AD-Wandlung bewusst Fehler zu erzeugen, bei sehr leisen Signalen werden die letzten Bits zufällig ein- und ausgeschaltet, um sozusagen den Klang zu glätten. Dies kann den messbaren Störabstand durchaus verkleinern, vergrößern ihn jedoch subjektiv und damit hörbar. Man nutzt den Effekt des Ohres aus, dass bestimmte Störfrequenzen, besonders wenn sie in ungeradzahligen Verhältnissen zum Audiosignal stehen, bedeutend störender wirken als unkorreliertes, so genanntes weißes Rauschen. Ein solches weißes Rauschen kann nun dem Signal hinzugefügt werden, als Folge der Rauschüberlagerung gehen Verzerrungen bei kleinen Signalen deutlich zurück und das Quantisierungsrauschen klingt analoger und damit angenehmer. Subjektiv verbessert sich die Auflösung des Wandlers. Nachteil ist natürlich die Erhöhung des

Rauschpegels. Weißes Rauschen enthält alle Frequenzen und ist daher gut hörbar, man verwendet deshalb ein Dithersignal, das von hohen und tiefen Frequenzen her abfällt und deshalb „Triangular Dither“ genannt wird. Dithering ist eine bei fast allen modernen Wandlern angewandte Technik und hat viel zur Klangverbesserung digitaler Audiotechnik beigetragen.

3.1.6.4 Die Analog/Digital-Wandlung, kurz und bündig

- Durch Fortschritte in der Fertigungstechnologie ist die Integration von analogen und digitalen Baugruppen in einem Chip möglich geworden (Mixed Signal Technologie)
- Dies ermöglichte die preiswerte Fertigung von Delta-Sigma-AD-Wandlern, die wegen ihrer vielen Vorteile den heutigen Stand der Technik darstellen
- Oversampling ist ein Hauptbestandteil der ΔΣ-Wandler-technologie
- Vorteile von ΔΣ-Wandlern sind ein sehr gutes Preis-Leistungs-Verhältnis und kurze Latenzzeiten bei hoher Audioqualität
- Dithering verbessert durch das Ausnutzen von psychoakustische Phänomenen subjektiv die Auflösung des Wandlers

3.2 Die Verarbeitung der digitalisierten Audiosignale

Was geschieht, wenn die kontinuierlichen anlogen Signale in „einzelne Scheiben geschnitten“, also in Samples aufgeteilt und in die Werte der Samples in Binärworte umgewandelt wurden?

Der Sinn der Digitalisierung ist ja, die Daten von einem Rechner bearbeiten zu lassen, um alle im ersten Abschnitt geschilderten neuen Bearbeitungsmöglichkeiten nutzen zu können. Diese Bearbeitung erfolgt mit der „Dummheit“ von Computern, die grundsätzlich nur Grundrechenarten wie Addieren und Subtrahieren ausführen können, diese Aufgaben dafür aber sehr schnell erledigen. Alle Operationen müssen auf diese Grundrechenarten zurückgeführt werden. Wenn komplexe Aufgaben zu erledigen sind, werden sie als eine lange Kette von einfachen Operationen ausgeführt, was entsprechend lange dauert. Es entsteht eine Bearbeitungszeit, deren Dauer von der Art der zu erledigenden Aufgabe abhängt. Dies ist ein grundlegender Unterschied zur Analogtechnik. Bei einem analogen Mischpult beispielsweise ist die Durchlaufzeit des Signals vom Eingang bis zum Ausgang unabhängig davon, wie viele Filter wir in der Klangregelung einsetzen, um das Signal zu bearbeiten. Nicht so bei einem Digitalmischpult. Hier hängt die Durchlaufzeit des Signals zum einen davon ab, wie viele Filter eingesetzt sind, zum anderen aber sogar davon, bei welcher Frequenz wir eine Anhebung oder Absenkung vorgenommen haben. Das Filtern niedriger Frequenzen dauert länger!

Um erträgliche Bearbeitungszeiten zu erreichen, werden in fast allen digitalen Audiogeräten spezielle Prozessoren eingesetzt. Diese so genannten DSPs (Digital Signal Processor) haben eine interne Struktur, die für die in diesem Spezialgebiet anfallenden Rechenaufgaben optimiert wurde. Auf die mathematischen Methoden möchte ich hier nicht näher eingehen. Wichtig ist, dass in der digitalen Audiotechnik immer Bearbeitungszeit benötigt wird, deren Länge von den zu bewältigenden Aufgaben abhängt.

3.2.1 Der Kanal und die Kanalcodierung

Wie wir schon gesehen haben, ist die Digitaltechnik der analogen Technik in vielen Punkten überlegen. Die geringere Störanfälligkeit bei der Datenübertragung und Speicherung ist hierbei ein sehr wichtiger Punkt. Digitale Daten können auch nach aufgetretenen Störungen durch Fehlerkorrektur-Verfahren meist wieder hergestellt werden, was bei analogen Signalen nicht möglich ist.

Übertragungskanal

Für den Weg, den Signale innerhalb einer Übertragungsstrecke oder auch eines Gerätes zurücklegen, prägte man den Begriff des Kanals oder Channels. Dieser Kanal transportiert im Falle einer Übertragung die Daten vom Sender über die Übertragungsstrecke (Kabel, Luft, Glasfaser etc.) zum Empfänger, im Falle einer Aufzeichnung der Daten vom Eingang des Aufzeichnungsgerätes z.B. über einen Magnetkopf auf ein Magnetband und von dort bei der Wiedergabe zurück über einen Magnetkopf zum Audioausgang des Gerätes.

Bei analogen Signalen besteht immer ein Zusammenhang zwischen den Eigenschaften dieses Übertragungskanals und den zu übertragenden Signalen, die Beschaffenheit des Kanals beeinflusst die Beschaffenheit der übertragenen Informationen. So tritt zum Beispiel bei sehr langen Kabeln ein Höhenverlust auf, weil das Kabel wie ein Filter wirkt oder aktive elektronische Bauteile eines Gerätes addieren Rauschsignale zum Audiosignal.

Eine große Stärke der Digitaltechnik ist, dass die Übertragungsqualität unabhängig von der Qualität des Kanals ist. Es besteht theoretisch im Gegensatz zur Analogtechnik kein Zusammenhang mehr zwischen Bandbreite (dem Frequenzgang) des Kanals und Bandbreite der zu übertragenden Daten. Auch der Fremdspannungsabstand des Übertragungskanals (z.B. Bandrauschen oder Störungen auf einer Leitung) spielt bei weitem nicht mehr die Rolle, die er bei der Übertragung oder Speicherung analoger Signale spielt. Eine direkte Folge dieser Tatsache ist unter anderem, dass bei der Übertragung oder Speicherung digitaler Daten eine wesentlich höhere Datendichte erreichbar ist, was zusätzlich auch die Kosten für Speichermedien reduziert.

Kanalkodierung

Auch die Übertragung oder Speicherung digitaler Daten jedoch ist an die Gesetzmäßigkeiten unserer analogen Welt gebunden. Im Übertragungskanal werden die Daten als analoge Wellenform behandelt und haben, am Ende der Übertragungskette angekommen, ganz sicher nicht mehr die am Ursprungspunkt vorhandene Kurvenform. Digitale Daten müssen deshalb in einer Form übertragen oder gespeichert werden, die diesen analogen Gesetzmäßigkeiten Rechnung trägt und sicherstellt, dass sie trotz der durch die Übertragung hervorgerufenen Veränderungen wieder erkannt werden können. Sie werden dazu in geeigneter Form codiert, diese Codierung wird als Kanalcodierung bezeichnet. Wie wir noch sehen werden, ist zu einer richtigen Erkennung von digitalen Daten auch immer eine Information über die Taktfrequenz nötig, mit der die Daten erzeugt wurden. Neben den eigentlichen Daten muss also die Kanalcodierung auch die fehlerfreie Übertragung eines Taktes ermöglichen. Einige der Forderungen an eine Kanalcodierung sind also:

- Schmale spektrale Signalverteilung. Einfach ausgedrückt, soll der Kanal mit einer möglichst geringen Bandbreit auskommen.
- Schnelle und umfassende Fehlererkennung und Fehlerkorrektur.
- Einfache und zuverlässige Regenerierung des Taktes.

Auf die verschieden möglichen und in der Praxis genutzten Kanalcodierungen möchte ich hier nicht näher eingehen. Grundsätzlich soll hier nur festgehalten werden, dass wegen des analogen Charakters unserer Welt nicht der Übertragungskanal digital ist, sondern dass die am Empfänger ankommenden Signale als digitale Signale interpretiert werden. Die Übertragung oder Speicherung der Daten folgt analogen Prinzipien. Die Kanalcodierung muss so erfolgen, dass die Interpretation diskreter Werte auch nach der Übertragungsstrecke noch möglich ist.

Um dies zu erreichen, beinhaltet ein entsprechend codiertes Digitalsignal prinzipiell mehr Daten als vor der Codierung, die zugefügten Daten sollen unter Anderem eine Rekonstruktion ermöglichen, obwohl beim Durchlaufen des Kanals Daten verloren oder beschädigt wurden. Dieses Verfahren nennen wir vereinfacht Fehlerkorrektur, obwohl wir im folgenden Abschnitt sehen werden, dass es sich eigentlich um mehrere Aufgaben handelt und neben einer tatsächlichen Korrektur auch andere „Berichtigungsmethoden“ benutzt werden.

3.2.2 Die Fehlerkorrektur

Während bei der Digitalisierung der analogen Signale das Hauptproblem darin besteht, eine möglichst hohe Auflösung und Genauigkeit bei möglichst hohen Abtastraten zu erreichen, ist die schwierigste Aufgabe bei der Übertragung und Speicherung der gewonnenen Daten die Fehlerfreiheit.

Höhere Störanfälligkeit

Kurze Störungen zum Beispiel auf Grund von Dropouts im Bandmaterial können bei Analogaufzeichnung manchmal noch toleriert werden, während sie bei digitaler Aufzeichnung sehr störende Folgen haben könnten, wenn keine Fehlerkorrektur vorgenommen würde.

Ein verlorenes Bit in der digitalen Welt kann bedeuten, dass die zu übertragende Information vollkommen verändert wird. Die Beispielzahl

1.453 = binär 10110101101 könnte zum Beispiel den Wert

1.197 = binär 10010101101

annehmen, wenn nur eine Stelle falsch ist.

Die äußerste linke Stelle, das Most Significant Bit (das „wichtigste Bit“) wird vereinbarungsgemäß benutzt, um die Polarität des Signals anzugeben. Wenn dieses Bit also gestört wird, könnte zum Beispiel ein Digitalwert mitten in einem Audiosignal von einem hohen positiven Wert zu einem hohen negativen Wert wechseln und ein lautes Knacken erzeugen. Ähnliches kann hervorgerufen werden, wenn ein

Wert völlig fehlt. Auch hier wäre die Aufnahme durch ein lautes Knacken unbrauchbar.

Generell kann man sagen, dass eine digitale Aufnahme oder Datenübertragung ohne irgendeine Art von Fehlerkorrektur nicht funktionieren würde.

Je nach Ursache und möglicher Auswirkung (welches Bit ist gestört?), aber auch in Abhängigkeit von der Länge der Störung müssen unterschiedliche Strategien angewandt werden, um die Auswirkungen einer solchen Störung so gering wie möglich zu halten oder auch ganz zu unterdrücken.

Redundanz

Grundsätzlich arbeiten Fehlerkorrektur-Verfahren immer mit Hilfe von Redundanz. Als Redundanz bezeichnet man alle zusätzlichen Hardware- oder Software-Aufwendungen, die über das unbedingt notwendige Maß hinausgehen. Im Falle der Fehlerkorrektur handelt es sich um zusätzliche Daten, die durch einen Rechenprozess aus den Nutzdaten selbst gewonnen und zusammen mit diesen aufgezeichnet werden.

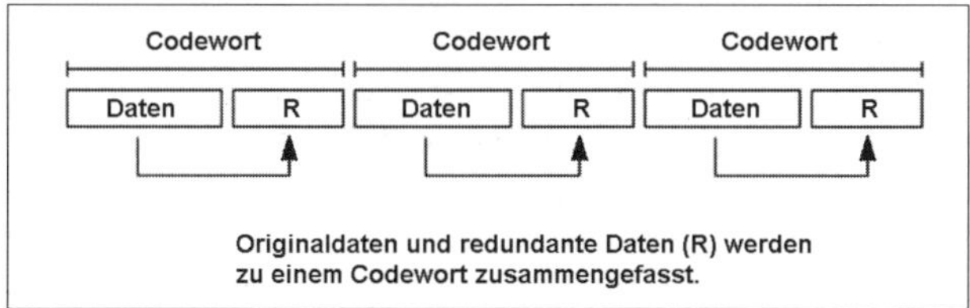

Abbildung 23: Datenwort mit redundanten Daten

Frühe Prototypen digitaler Recorder arbeiteten mit Doppelaufzeichnung (Redundanz = 100%, alle Daten wurden doppelt aufgezeichnet). Durch einen Vergleich der beiden Datenbitfolgen in Kombination mit einer Quersummenprüfung wurden Fehler erkannt und berichtigt.

Gegenwärtig gebräuchliche Methoden kommen mit einer weit geringeren Redundanz aus, sie liegt bei weniger als 50% zusätzlicher Daten. Diese redundanten Daten zu erzeugen, ist ein Teil der Aufgaben der vorhin erwähnten Kanalcodierung.

Fehlererkennung

Wichtiger und erster Schritt zu einer Fehlerkorrektur ist natürlich das Erkennen, dass überhaupt ein Fehler vorliegt. Im von Irvin Reed und

Gustave Solomon entwickelten und nach ihnen benannten Reed-Solomon-Code, dem meist verwendeten Fehlerkorrektur-Verfahren, können aus den redundanten Daten zwei Unbekannte errechnet werden, nämlich die Position eines Fehlers und der richtige Wert. Man nennt diese beiden Werte deshalb auch „Locator" und „Correktor". Die genauen mathematischen Grundlagen würden den Rahmen dieses Buches sprengen, für Interessierte möchte ich auf das Buch „The Art Of Digital Audio" von John Watkinson hinweisen.

3 Korrektur-Stufen

Im Rahmen der Fehlerbehandlung von gespeicherten oder übertragenen Audiodaten kann man drei Stufen mit verschiedenen Strategien unterscheiden:

Stufe 1

Die erste Stufe ist eine echte Fehlerkorrektur, die in der Lage ist, die Originaldaten komplett wieder herzustellen. Hierzu werden die Originaldaten benutzt, die zusätzlich durch die Kanalcodierung als Teil der redundanten Daten eingefügt wurden. Das Signal erfährt durch diese Korrektur kein Veränderung.

Stufe 2

Bei der zweiten Stufe sprechen wir von einer Fehlerverdeckung, bei der zum Beispiel durch Mittelwertbildung zwischen zwei noch vorhandenen Daten der fehlende Wert rekonstruiert wird. Das Ergebnis dieses Prozesses unterscheidet sich vom Original und kann in manchen Fällen hörbar sein. In jedem Fall wird durch ein Eingreifen der Stufe 2 ein Quantisierungsfehler erzeugt, dieser erhöht wie wir wissen den Rauschpegel und den Klirrfaktor des in die analoge Welt zurückgewandelten Signals. Viele Geräte zeigen das Auftreten dieser zweiten Stufe durch eine Error-LED oder eine Nachricht im Display an. Obwohl meistens kein Fehler hörbar ist, sollte das entsprechende Gerät oder Speichermedium näher untersucht werden, wenn dieser Fall häufiger eintritt, könnte er die Vorstufe zu Stufe drei sein.

Hier zeigt sich übrigens ein Unterschied zur Fehlerbehandlung von Computerdaten: Eine Rekonstruktion der Daten durch sinnvolles Ergänzen mit ähnlichen Daten ist bei Computerdaten nicht möglich, hier kommen in bester digitaler Tradition nur zwei Fälle vor. Entweder die Daten sind eindeutig wieder herzustellen oder der entsprechende Block wird als fehlerhaft markiert und nicht mehr reproduziert. Fall zwei ist bei Computerdaten also ausgeschlossen, es nützt nichts, wenn der Straßenname durch die Fehlerkorrektur von Steinstraße in Stabstrasse geändert würde, der Brief käme nicht an.

Stufe 3

Im dritten Fall sind die Daten wegen der zu hohen Anzahl von Fehlern nicht mehr sinnvoll rekonstruierbar. Eine Mittelwertbildung würde wegen der Länge des Datenloches nur einen geratenen Wert ergeben, der in keinem sinnvollen Zusammenhang mehr mit den Originaldaten steht. In einem solchen Fall wird der entsprechende Datenblock bei der Wiedergabe der Daten weggelassen, der Audioausgang wird für diese Zeit stumm geschaltet.

Fehlerhäufigkeit

Die Häufigkeit von Fehlern hängt natürlich stark vom verwendeten Aufnahme- oder Übertragungsmedium ab. Welch mächtiges Werkzeug die Fehlerkorrektur ist, können wir z.B. am DAT-Format an den folgenden Zahlen sehen:

Bei Speicherung auf Magnetband müssen wir mit einer Fehlerhäufigkeit zwischen 1/100 und bis zu 10^{-6} rechnen, das heißt jedes hundertste bis jedes millionste Bit kann gestört sein. Die Fehlerrate steigt dabei mit zunehmender Aufzeichnungsdichte, die in kbit/mm erfasst wird.

Bei DAT liegt die Symbol-Fehlerrate im Bereich von 10^{-5}, dies bedeutet, dass jedes 100.000ste Bit gestört sein kann. Die lineare Aufzeichnungsdichte beträgt 2,4 kbit/mm. Ein Symbol setzt sich aus 8 Bit zusammensetzt, ein 16-Bit Sample benötigt also 2 Symbole. Bei einer Samplingfrequenz von 48 kHz bedeutet dies die unglaubliche Zahl von 2 Fehlern pro Sekunde! Trotzdem ist DAT anerkanntermaßen ein hervorragend funktionierendes digitales Aufnahmesystem – dank der verwendeten Fehlerkorrektur!

Der praktisch wichtige Wert ist also die Fehlerrate, die ein System einschließlich Fehlerkorrektur verkraften kann. Wenn bei einem DAT-Recorder die schlechte, z.B. durch schmutzige Tonköpfe verursachte Symbolfehlerrate von 10^{-3} vorliegt (jedes 1000ste Bit kann gestört sein), ist die Fehlerhäufigkeit inklusive der Fehlerkorrektur ca. 10^{-27}, dies ist ein Wert, den man getrost vernachlässigen kann.

In der Praxis kommen jedoch nicht nur die eben beschriebenen Zufallsfehler vor. Es gibt auch gezielt verteilte große Fehler, so genannte Burst-Fehler oder Blockfehler, die z.B. durch Dropouts entstehen. Dadurch kann die Fehlerrate auf 1/10 oder sogar auf 1 (Totalausfall) ansteigen. Auch hierfür muss ein Fehlerkorrektursystem ausgelegt sein. Die Wirkung solche Fehler wird durch Verschachteln der Daten, das so genannte Interleaving, stark verringert. Das Prinzip ist einfach:

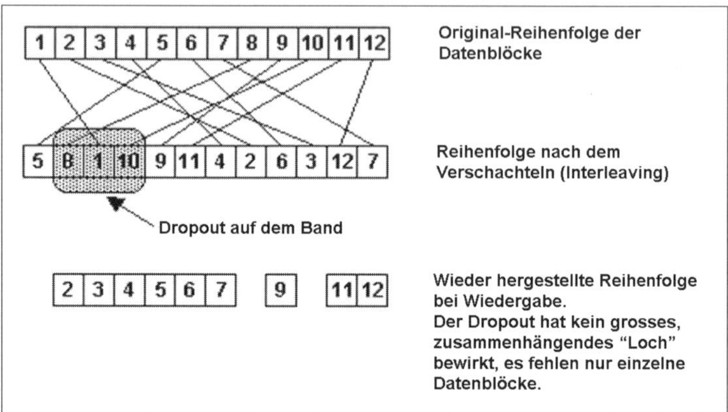

Abbildung 24: Das Prinzip der Interleaving

Die Datenblöcke werden nicht in ihrer Original-Reihenfolge aufgezeichnet oder transportiert, sondern durcheinander gewürfelt. Weil das Fehlerkorrektursystem die Art der Verschachtelung kennt, kann es die Datenblöcke bei der Wiedergabe wieder in der richtigen Reihenfolge anordnen. Der Effekt ist, dass durch einen Dropout bei der Aufzeichnung nicht mehr viele nebeneinander liegende Datenblöcke verloren gehen, sondern nach dem Zusammensetzen in der Original-Reihenfolge nur noch einzelne Fehler auftreten, die auf Grund der Redundanz oder durch Mittelwertbildung korrigiert werden können. Wird die Reihenfolge der Worte innerhalb eines vorgegebenen Blockes verändert, spricht man von Block-Interleaving, ein noch wirkungsvolleres Verfahren ist das Cross-Interleaving, hier wird das verwendete Fehlerkorrektur-System ein zweites Mal auf die verschachtelten Daten angewandt.

3.2.3 Kanalcodierung und Fehlerkorrektur, kurz und bündig

- Ohne Kanalcodierung keine Übertragung und Speicherung von digitalen Daten möglich, da der Übertragungskanal analog ist
- Fehlerkorrektur ist Teil der Kanalcodierung
- Durch Kanalcodierung „vermehren" sich die Daten, die zusätzlich verwendeten Daten werden Redundanz genannt
- Fehlerkorrektur wird in drei Stufen angewandt

- Interleaving ist ein Hauptbestandteil der Fehlerkorrektur und verringert die Gefahr von Blockfehlern

3.3 Der Herzschlag digitaler Audiosysteme: die Wordclock

Als weiterer zum Verständnis der digitalen Audiotechnik wichtiger Teil dieses Kapitels muss noch die Bedeutung der Begriffe Takt, Clock oder Wordclock geklärt werden, die alle das Gleiche meinen.

In der Musik bedeutet der Beginn eines Taktes, dass ein neuer Abschnitt mit vorher festgelegter Länge beginnt. Die Anzahl der Taktteile pro Minute (BPM = Beats Per Minute) bestimmt dabei die Geschwindigkeit des Musikstückes.

Eine ähnliche Bedeutung hat der Begriff in der digitalen Audiotechnik: Die Taktfrequenz teilt dem Empfänger digitaler Audiosignale mit, wie viele Audioworte pro Sekunde zu erwarten sind und ist damit gleichbedeutend mit einer Information über die Samplingrate. Zusätzlich ist aber auch wichtig, dass die Zeiteinheit „Sekunde“ bei Sender und Empfänger gleich lang ist, also die internen Uhren gleich schnell laufen, synchronisiert sind. Elektrisch betrachtet ist der Takt ein Rechtecksignal mit der Frequenz der Samplingrate oder einem Vielfachen dieser Frequenz, aus Marketinggründen auch Superclock genannt. Der Beginn eines neuen Rechteckes markiert den Beginn eines neuen Digitalwortes. Dieses Taktsignal wird deshalb auch Wordclock genannt.

Wie in der Musik, wo alle Mitglieder eines Orchesters im gleichen Takt und mit der gleichen Geschwindigkeit spielen sollten, ist auch in der digitalen Audiotechnik extrem wichtig, dass alle beteiligten Geräte taktsynchron arbeiten und außerdem den Anfang eines neuen Taktes erkennen können. Die Mitteilung dieser Information kann hierbei auf verschiedenen Wegen erfolgen. Sie wird entweder auf einer eigenen Leitung transportiert oder ist als Teil der Kanalcodierung im digitalen Audiosignal enthalten.

Da der richtige Umgang mit Clock-Signalen für das Funktionieren eines digitalen Studios sehr wichtig ist, beschäftigen wir uns im Folgenden mit dem Thema der Clock-Synchronisation und werden auch im Praxisteil dieses Buches wieder auf dieses Thema zurückkommen.

3.3.1 Die Notwendigkeit der Synchronisation bei der Übertragung von digitalen Audiodaten

Im Kapitel über die AD-Wandlung wurde dargestellt, dass ein digitales Audiowort aus einer festgelegten Anzahl von Nullen und Einsen besteht, deren Wertigkeit vom LSB zum MSB zunimmt, so wie die Stellen einer Dezimalzahl zunächst die Anzahl Einer, dann die Anzahl der Zehner, der Hunderter usw. darstellen. Die Werte für die einzelnen Digitalworte werden gewonnen, indem das analoge Signal in regelmäßigen Abständen gemessen wird. Die Takt, in dem dies geschieht, wird im Gerät von einem zentralen Taktgenerator erzeugt. Sollen die so gewonnenen digitalen Daten von einem anderen Gerät weiterverarbeitet werden, muss dies mit dem exakt gleichen Takt erfolgen. Dabei genügt es nicht, nur die Taktfrequenz zu kennen. Die Angabe, dass beim Erstellen der Samples mit 44,1 kHz getaktet wurde, sagte zwar aus, dass 44.100 Messungen pro Sekunde vorgenommen wurden, nicht jedoch, wie lange eine Sekunde tatsächlich gedauert hat. Dieses Intervall jedoch könnte auf Grund von Bauteiltoleranzen bei verschiedenen Geräten durchaus unterschiedlich sein. Das Verwenden von unterschiedlichen langen Zeitintervallen würde aber verhindern, dass die Audiodaten fehlerfrei interpretiert werden können.

Zusätzlich zur Notwendigkeit der absolut gleichen Länge der Zeitintervalle muss das Gerät, das die Daten empfängt und weiterverarbeiten soll, auch wissen, wo ein Datenwort anfängt. Nur so kann die Wertigkeit der entsprechenden Bits richtig beurteilt werden.

In den folgenden Grafiken wird am Beispiel eines 16-Bit-Wortes mit 44,1 kHz Samplefrequenz gezeigt, wie sich unterschiedliche Zeitintervalle oder die Nicht-Kenntnis des Wortanfanges auswirken.

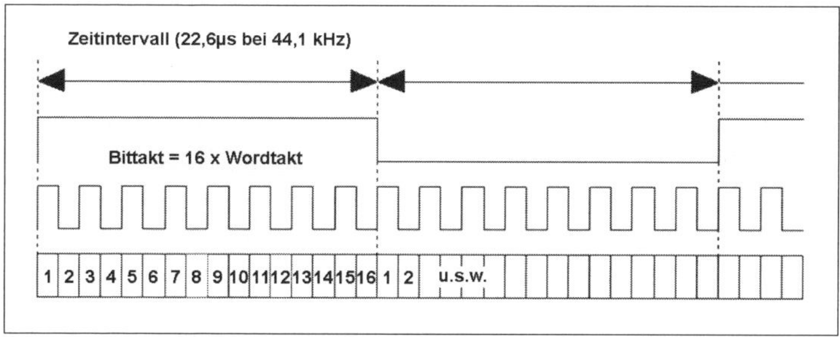

Abbildung 25: Beispiel für ein 16-Bit-Datenwort

In Bild 25 ist der zeitliche Verlauf eines aus 16 Bit bestehenden Datenwortes dargestellt. Der Geräte-interne Taktgenerator erzeugte einen Takt, der dafür sorgte, dass alle Bits gleich lang sind und dass bei 44,1 kHz Samplefrequenz ein Datenwort 22,6 µs dauerte. Dies ist die absolut exakte Taktfrequenz.

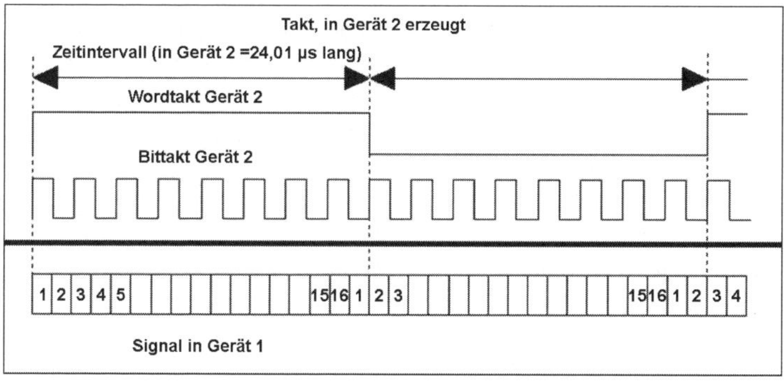

Abbildung 26: Die Folge eines ungenauen Taktes

In Abbildung 26 wird dargestellt, was geschieht, wenn das Signal aus Abbildung 23 von einem anderen Gerät verarbeitet werden soll, dessen Takt nicht mit dem von Gerät 1 übereinstimmt, dessen „interne Uhr" also falsch geht. Die hier angenommene Ungenauigkeit beträgt 1,41 µs pro Wort, dies entspräche der Dauer eines Bit bei exaktem Takt. Es ergibt sich dann die gezeigte Dauer eines Wortes von 24,01 µs statt 22,6 µs.

Das Taktsignal ist an Anfang der Übertragung synchron, verschiebt sich aber wegen der unterschiedlichen Zeitreferenz immer mehr.

Und dies sind die Folgen:

- Das gelesene Wort besteht aus 17 Bit des Originalsignals, da das Zeitintervall für ein Wort (Wordtakt, Wordclock) nun länger ist, als dies bei der Erzeugung des Datenstromes der Fall war. Im auf diese Weise falsch interpretierten Datenstrom wird das LSB des nächsten Wortes des ursprünglichen Signals als MSB des ersten gelesenen Wortes interpretiert. Dass dies zu hörbar anderen Ergebnissen führt, ist klar. Im nächsten interpretierten Wort beträgt dieser Versatz bereits 2 Bit, dies setzt sich fort, bis nach einiger Zeit zumindest das LSB wieder wie beim ersten gelesenen Wort richtig ist. So würde ein sich rhythmisch veränderndes Geräusch entstehen, das in der Praxis tatsächlich zu beobachten ist, wenn zwei digitale Geräte nicht taktsynchron sind. (Hier wird übrigens angenommen, dass das LSB als erstes gesendet wird, was nicht immer der Fall ist und ebenfalls einer Vereinbarung bedarf.)
- Der Bittakt in Gerät 2 ist wie der Wordtakt etwas länger als bei der Entstehung des Signals. Es ist eine Frage der Zeit, wann die sich immer mehr verschiebende Taktflanke (der Pegelsprung von „0“ zu „1“ des Takt-Rechtecksignales) in der Mitte eines zu lesenden Bit sitzt. Das Nächste Bit wird dann übersprungen, da die Flanke nun näher zum Anfang des folgenden Bit sitzt. Die Folge ist ein hörbares Knacken.

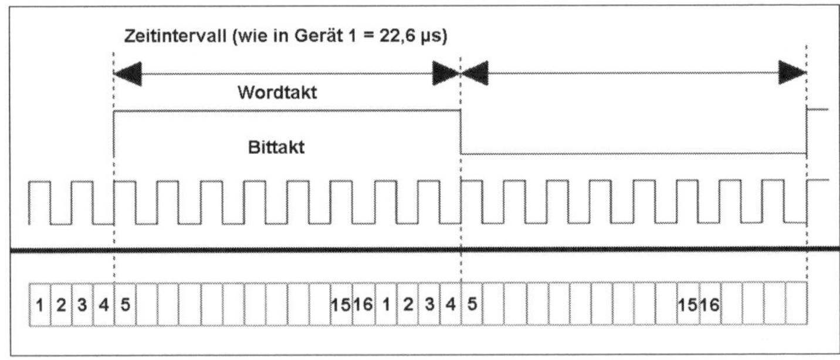

Abbildung 27: Gleich langes Zeitintervall, aber versetzter Taktanfang

Abbildung 27 schließlich zeigt den Fall, dass der Taktgenerator in Gerät 2 zwar exakt die gleiche Frequenz hat wie der in Gerät 1, der Anfang des Taktes aber verschoben ist und in Gerät 2 deshalb völlig falsche Werte interpretiert werden. Die Folge ist ein metallisch klingendes Geräusch, das nichts mehr mit den ursprünglichen Audiodaten gemein hat.

Die hier dargestellten Fälle machen deutlich, dass die Übertragung digitaler Audiosignale von einem zum anderen Gerät oder sogar innerhalb eines Gerätes von einer zur anderen Verarbeitungsstufe nicht ohne weitere Vorkehrungen durch einfaches Verbinden möglich ist, wie dies in der analoge Technik problemlos funktioniert. Vielmehr wird klar, dass alle verarbeitenden Stufen oder Geräte mit dem gleichen und zusätzlich synchronen Takt arbeiten müssen, um eine einwandfreie Funktion zu garantieren. Innerhalb eines Gerätes wird dies dadurch erreicht, dass alle Verarbeitungsstufen von einem zentralen Taktgenerator gesteuert werden. Die Taktgleichheit und Synchronität vieler digitaler Audiogeräte untereinander zu erreichen, stellt eine der großen Herausforderungen bei der Planung und dem Aufbau eines digitalen Studios dar.

3.3.2 Jitter und seine Auswirkungen

Auch ein anderes, bisher nicht erwähntes Phänomen im Zusammenhang mit Wordclock-Synchronisation muss hier besprochen werden. Da die Übertragung von Daten jeder Art mit den physikalischen Gesetzen des analogen Übertragungskanals zu kämpfen hat, wirken verschiedene negative Einflüsse auf das Signal. Unter anderem sind dies Kapazität und Widerstand der Übertragungsstrecke, die als Filter wirken und das Signal zu hohen Frequenzen hin immer mehr dämpfen. Wie eine durch diesen Einfluss verformtes Rechtecksignal aussehen kann, ist in Abbildung 26 zu sehen.

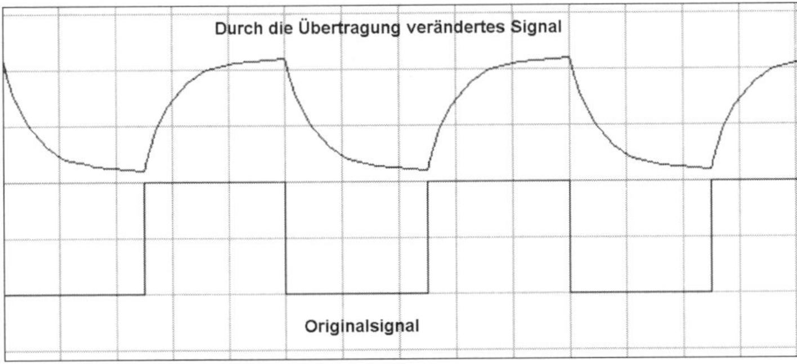

Abbildung 28: Signalveränderung durch analogen Übertragungskanal

Die Veränderungen sind deutlich, dies ist die Ursache: Ein Rechtecksignal besteht eigentlich aus einem „Gemisch“ unendlich vieler Sinussignale mit verschiedenen Frequenzen oberhalb der so genannten Grundwelle, der Frequenz des Rechtecksignals (Fourieranalyse).

Oberwellen Die Frequenzanteile, die höher als die Grundwelle sind, werden Oberwellen genannt. Wenn alle Oberwellen aus dem Signalgemisch (= Rechtecksignal) herausgefiltert werden, erhält man ein reines Sinussignal mit der Frequenz des ursprünglichen Rechtecksignals. Der oben dargestellte Fall stellt ein Zwischenstadium dar, der Übertragungskanal hat wegen seines Verhaltens als Filter Oberwellen entfernt und so das Rechecksignal in seiner Form hin zu einem Sinussignal verändert.

Da ein Filter aber auch eine für verschiedene Frequenzen unterschiedliche Durchlaufzeit aufweist, entsteht neben der Verformung des Signals auch ein anderer Effekt, nämlich ein zeitliches „Zittern" des Signals, Jitter genannt. Jitter entsteht neben der gerade genannten Ursache durch eine Reihe von weiteren Unzulänglichkeiten in der Bearbeitung, Übertragung und Wandlung digitaler Signale, auch bereits in Geräten selbst, die dann ein mit Jitter behaftetes Signal an ihrem Digitalausgang ausgeben. Im Rahmen dieses Buches ist es nicht möglich, auf alle Ursachen für Jitter einzugehen, dieses Wissen ist auch zum erfolgreichen Aufbau und Betrieb eines digitalen Tonstudios nicht erforderlich, zumal wir als Anwender gegen viele der Ursachen sowieso machtlos sind. Im Folgenden wollen wir uns trotzdem mit einigen wichtigen Aspekten dieses Themas beschäftigen und auch über die klanglichen Auswirkungen von Jitter sprechen. In Abbildung 29 ist das in Abbildung 28 nur verformte Signal nun auch mit Jitter zu sehen.

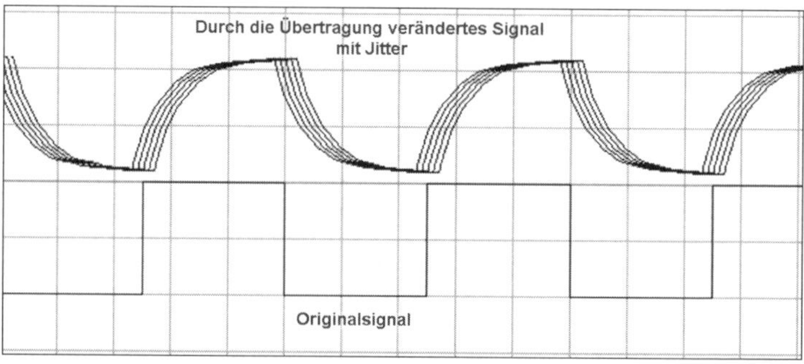

Abbildung 29: Signal mit Jitter

Es werden grundsätzlich zwei unterschiedliche Arten von Jitter unterscheiden, die verschiedene Ursachen und Auswirkungen auf das Audiosignal haben.

Datenjitter

In vorigen Abschnitt über den Kanalcode wurde erklärt, dass eine wichtige Forderung an die Codierung digitaler Signale lautet, dass die Art der Codierung eine schnelle und einfache Möglichkeit enthalten muss, den Takt des Signals zu erkennen und wieder zu rekonstruieren. Diese Forderung beinhaltet automatisch, dass eine Information über den Takt des Signals überhaupt zusätzlich zu den Audiodaten im übertragenen oder gespeicherten Signal enthalten sein muss. Wie im Kapitel über die verschiedenen digitalen Audioschnittstellen noch näher erklärt wird, trifft dies auf fast alle Übertragungsformate zu, solche Formate werden als selbstsynchronisierend bezeichnet. Beispiele für selbstsynchronisierende Übertragungsformate sind das SPDIF- und das AES/EBU-Format, die wir später näher kennen lernen werden.

Header zur Takterkennung

In allen selbstsynchronisierenden Formaten ist ein Datenblock enthalten, dessen Bitfolge so gestaltet ist, dass er in den sonst noch übertragenen Daten nicht vorkommen und deshalb immer wieder erkannt werden kann. Dieser Header oder auch Präambel genannte Datenblock markiert immer den Anfang eines neuen Datenwortes und gibt damit dem empfangenden Gerät auch eine Information über den Takt. Seine Bitfolge ändert sich im Gegensatz zu der Bitfolge der Audiodaten nie.

Wie oben gesagt, wirkt sich die Filterwirkung einer Übertragungsstrecke auf unterschiedliche Frequenzen unterschiedlich stark aus, die Audiodaten sind hiervon wesentlich stärker betroffen als der Header des Signals. Die von der Übertragungsstrecke erzeugte Form von Jitter wird deshalb oft als Datenjitter bezeichnet. Dem Entstehen dieser Form von Jitter können wir entgegenwirken, indem zum Beispiel gute Kabel mit zum jeweils verwendeten Interface passendem Wellenwiderstand verwendet werden. Der Begriff des Wellenwiderstandes wird im Kapitel über die verschiedenen digitalen Audioschnittstellen näher erklärt, hier sei nur gesagt, dass sich beispielsweise normales Mikrofonkabel zur Übertragung von digitalen Daten im AES/EBU-Format nicht eignet und bei längeren Leitungen in erheblichem Masse Datenjitter erzeugt. Datenjitter verhindert meist nicht, dass eine Übertragung überhaupt zu stande kommt, sondern er verändert auf oft sehr subtile Weise das Klangbild eines Signals. Die räumliche Ortung einzelner Instrumente wird erschwert, das Signal verliert an Durchsichtigkeit, klingt gepresst, Räume werden kleiner. Ich habe es bereits mehrmals erlebt, dass Studiobesitzer verzweifelt nach einem Grund dafür gesucht haben, dass ihre

Aufnahmen nicht so offen klingen wie die anderer Studios oder der Bassbereich unpräziser wirkte. Die Beseitigung aller möglichen Quellen von Datenjitter kann in solchen Fällen wahre Wunder bewirken!

Samplingjitter

Die andere Art von Jitter wird als Sampling-Jitter bezeichnet. Hier ist das gesamte Signal von Jitter betroffen, also auch die zur Synchronisation des Taktes benötigte Präambel. Erzeugt wird diese Art von Jitter meist innerhalb der beteiligten Geräte durch schlecht konstruierte Netzteile, ungünstige Leiterbahnführung oder ungünstig dimensionierte Sende- oder Empfangsbausteine. Sampling-Jitter ist zum Beispiel ein bei Audiokarten für PCs oft vorkommendes Problem. Computernetzteile sind nie auf gute Audioeigenschaften hin entwickelt, sondern auf ein möglichst gutes Preis-Leistungs-Verhältnis. Einstreuungen von verschiedenen Störfrequenzen über die Stromversorgung einer Sound- oder Audiokarte lassen sich deshalb nur durch aufwendige Filterung der Versorgungsspannung auf der Audiokarte reduzieren, nie aber ganz beseitigen.

Auch Sampling-Jitter beeinflusst den Klang in verschiedener Weise. Leider haben wir als Anwender wenig Einfluss auf diese Jitterquellen und müssen mit dem leben, was uns Hersteller anbieten.

Im Kapitel über die AD-Wandlung wurde gesagt, dass heute fast ausschließlich $\Delta\Sigma$-Wandler verwendet werden, unter anderem deshalb, weil hier die notwendige Filterung auf der digitalen Ebene stattfinden kann und digitale Filter ihren analogen Kollegen in Linearität und anderen Punkten deutlich überlegen sind. Leider sind gerade digitale Filter sehr anfällig für Störungen durch Jitter. Ein digitales Filter besteht aus einer Reihe von Verzögerungselementen, Multiplizierern und Summierern. Die Verzögerungselemente sollten alle identische Daten aufweisen. Jitter verändert leider die Verzögerungszeit dieser Delays und damit die Pausen zwischen den einzelnen Audiosamples. Er moduliert also die Intervalle zwischen den Samples, was die Werte eines Filters drastisch verändern kann. So könnte zum Beispiel ein 100-kHz-Signal, das normalerweise um 115 dB abgesenkt wird, plötzlich nur noch um 35 dB abgeschwächt werden, was zu Aliasstörungen und deutlichen Klangveränderungen führen würde. Jitter ist also ein sehr ernst zu nehmendes Phänomen.

Die Höhe des Jitters wird als Zeit gemessen, die das Signal um seinen eigentlichen Zeitpunkt herum nach vorne und hinten schwankt und liegt im Bereich einiger Pico-Sekunden (10^{-12} Sekunden) bis zu einigen Nano-Sekunden (10^{-9} Sekunden). Diese sehr niedrigen Werte erklären, warum Jitter messtechnisch schwierig zu erfassen ist und lange als Quelle von Klangverschlechterung vernachlässigt wurde. In normalen Größenordnungen vorkommend, bleibt er meist unbemerkt, da die grundsätzliche Funktion einer Anlage nicht beeinträchtigt wird.

In den Normen für die verschiedenen digitalen Audio-Übertragungsformate sind zum Teil Maximalwerte für Jitter angegeben. So wird zum Beispiel in der AES/EBU-Schnittstellennorm ein Jitter von maximal +/-20 ns zugelassen, ein Wert, der bereits zu hörbaren Klangveränderungen führen kann! Die Festlegung für die SPDIF-Schnittstelle enthält keinerlei Angaben zum Thema Jitter, auch dies zeigt, dass dieser Parameter in seiner Wirkung lange Zeit unterschätzt wurde.

3.3.3 Taktsynchronisation, kurz und bündig

- Wordclock bestimmt als Takt die zeitliche Länge eines digitalen Datenwortes
- Der Takt von Sender und Empfänger eines digitalen Signals muss synchronisiert sein
- Störungen in der Taktübertragung wirken sich direkt auf die Audiospeicherung- oder Übertragung aus
- Clock-Jitter beeinflusst die Audioqualität auch, wenn er noch nicht zu Aussetzern oder Störungen wegen mangelnder Synchronisation führt

3.4 Die DA-Wandlung

Wie bei der AD-Wandlung hat sich auch beim Rückwandeln der digitalen Signale in die analoge Welt das Prinzip der $\Delta\Sigma$-Wandlung durchgesetzt. Einfach beschrieben werden die mit einer bestimmten, festgelegten Wortbreite ankommenden PCM-Daten in einen kontinuierlichen Bitstrom mit unterschiedlicher Pulsbreite, ein PWM-Signal, umgewandelt. Aus diesem PWM-Signal wird wieder ein analoges Signal erzeugt. Der Ausgang eines $\Delta\Sigma$-DA-Wandlers hängt dabei stark von der Qualität des für ihn generierten Clock-

Signals ab. Jitter dieser Clock-Quelle überträgt sich direkt als Wandlungsfehler auf den Ausgang.

3.4.1 Requantisierung und Dithering bei der DA-Wandlung

Moderne AD-Wandler mit 24 Bit Auflösung sind mittlerweile zu erschwinglichen Preisen erhältlich und werden deshalb zunehmend auch in preiswerterem Equipment eingesetzt. Was aber geschieht, wenn ein 24-Bit-Signal auf einer CD verewigt werden soll, deren Red-Book-Standard ja 16-Bit-Worte vorschreibt? Die Datenworte müssen in irgend einer Form gekürzt werden. Diese Notwendigkeit tritt auch innerhalb eines Systems auf, wenn die Wortlänge durch die Bearbeitung vergrößert wurde, wie dies z.B. beim Multiplizieren der Signale in digitalen Equalizern geschieht. Am einfachsten wäre es, die niederwertigsten Bits abzuschneiden (= truncating) und dann auf die nächste ganze Zahl zu runden. Hiermit würde jedoch auch der positive Effekt des bei der AD-Wandlung stattfindenden Dithering zusammen mit den niedrigwertigen Bits entfernt.

Grundsätzlich verringert das Reduzieren der Wortbreite die Anzahl der zur Verfügung stehenden Quantisierungsstufen, da der darzustellendem Pegel sich aber nicht ändert, müssen die einzelnen Stufen also größer werden. Diesen Prozess nenn man auch Requantisieren des Signals. Durch Requantisierung treten Quantisierungsfehler auf, es werden auch bei der DA-Wandlung Quantisierungsgeräusch und Klirrkomponenten erzeugt. Auch hier kann Dithering, nun allerdings auf der digitalen Ebene vor der DA-Wandlung, eine deutliche Verringerung der Störungen bewirken.

4. Digital-Audioformate für Datentransport und Speicherung

Bisher wurde über technische Voraussetzungen gesprochen, die eine einwandfreie Übertragung oder Speicherung digitaler Audiodaten ermöglichen sollen. Neben diesen Notwendigkeiten wie Clock-Synchronisation und möglichst jitterarmen Signalen sind auch definierte Schnittstellen und Speicherformate, deren festgelegte Parameter von allen Geräteherstellern eingehalten werden, eine wichtige Voraussetzung. In folgenden sollen zunächst die meist benutzten Schnittstellen zu Übertragung digitaler Audiodaten sowohl mit ihren Hardware-Parametern als auch bezüglich ihrer Inhalte, also der übertragenen Daten, so kurz wie möglich beschrieben werden. Eine Kenntnis dieser Daten erleichtert die Fehlerdiagnose und Behebung von Fehlern in nicht funktionierenden Systemen erheblich.

Im danach folgenden Abschnitt widmen wir uns den Speicherformaten für digitale Audio- und sonstige Produktionsdaten.

4.1 Stereo- oder Zweikanal-Schnittstellen

Die Notwendigkeit solcher Normen führte bereits kurz nach der Einführung der CD im Jahre 1985 zu einer Empfehlung der AES (Audio Engineering Society). In der Empfehlung AES3-1985 wurden die wesentlichen Einzelheiten für die serielle Übertragung von digitalen Audiodaten festgelegt. Weitere ergänzende Normen wurden in EBU Tech. 3250-E, CCIR Rec. 647, SP/DIF, IEC 958, EIA CP340 und EIA DAT beschrieben. Alle diese Papiere beschreiben eine zweikanalige, unidirektionale, selbst synchronisierende Schnittstelle, die auf der Übertragung eines seriellen Datenstromes basiert. Um besser verstehen zu können, welche Schwierigkeiten bei der Kommunikation zwischen diesen Schnittstellen entstehen können, möchte ich im folgenden zunächst die beiden am häufigsten verwendeten zweikanaligen Schnittstellen beschreiben, dies sind die AES/EBU- und die SPDIF-Schnittstellen.

4.1.1 Gemeinsamkeiten zwischen der AES/EBU- und SPDIF-Schnittstelle

Obwohl die AES kein Normeninstitut ist und deshalb keine Normen offiziell festlegen kann, haben die im AES3-1985-Dokument ausgesprochenen Empfehlungen die Grundlage für alle internationalen Normen gelegt, die ein zweikanaliges digitales Audio Interface betreffen. Diese Daten wurden in der AES3-1992 modifiziert und erweitert und sind bis heute gültig. Während die AES3-Empfehlung nur die professionelle Schnittstelle beschreibt, sind in IEC958 beide Formate, Consumer und Professional, definiert.

Die Hauptunterschiede zwischen den beiden Formaten bestehen zum einen in der physikalischen Übertragung der Daten (anderer Pegel, andere Impedanz des Kabels und anderer Steckertyp), zum anderen in der Verwendung einzelner Bits im übertragenen Format. Da das Blockformat, also die Aufteilung der Daten und der Kanalcode identisch sind, ist oft eine Übertragung von Audiodaten über die Formatgrenze hinweg möglich.

Das Format beinhaltet bis zu 24 Bit Audiodaten und acht weitere Bits, in denen zusätzliche Informationen wie Kanalstatus, Userdaten, ein Paritäts- und ein Validitätsbit untergebracht sind. Ein Datenwort, auch Frame genannt, enthält zwei Subframes mit je 32 Bit, die einen Audiokanal repräsentieren. 192 solcher Frames bilden einen Block, es wird je ein Frame pro Taktzyklus übertragen.

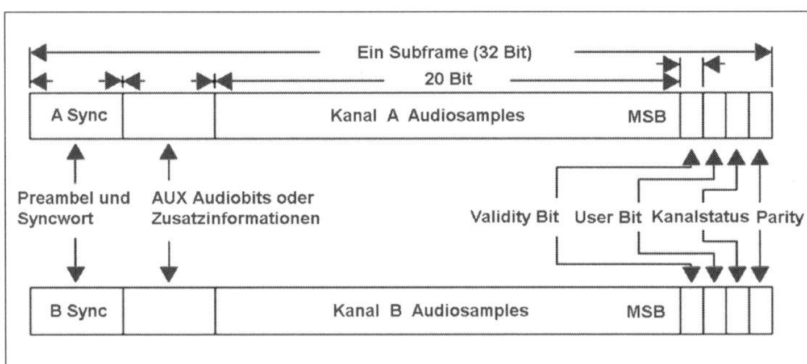

Abbildung 30: Der Inhalt eines Frames

Die Grafik zeigt die Aufteilung der verschiedenen Daten innerhalb eines Frames. Die Bedeutung der einzelnen Datenteile wir später kurz beschrieben, da die Norm einigen Spielraum bei der Benutzung lässt und deshalb einige Übertragungsprobleme in der unterschiedlichen Benutzung einzelner Bits durch verschiedene Hersteller begründet sind, zum anderen hier auch Unterschiede zwischen dem AES3-Format und dem SPDIF-Consumer-Format liegen (Sony/Philips Digital Interface).

Die Präambel und das Sync-Wort
Am Anfang steht ein aus 4 Bit bestehender Datenblock. Er mit Sync A oder Sync B bezeichnet ist.

Ein Datenblock 192 Frames

Es ist klar, dass der Empfänger eines seriellen Signals erkennen muss, wo ein Frame beginnt, um die seriell ankommenden Daten richtig interpretieren zu können. Wie schon gesagt, handelt es sich bei diesem Schnittstellenformat um eine selbstsynchronisierende Schnittstelle, das heißt, die Informationen zum Erkennen bis Anfang des eines neuen Frames sind im Signal selbst vorhanden und werden nicht auf einer getrennten Leitungen geführt. Das Sync-Wort stellt diese Markierung dar, mit deren Hilfe die nachfolgenden Daten eindeutig zugeordnet werden können. Wegen der notwendigen Eindeutigkeit sind drei verschiedene Präambeln vorgesehen, die mit X, Y, Z, mit M, W, B oder auch 1, 2, 3 bezeichnet werden.

Die Präambeln X (M) und Y (W) markieren jeweils Kanal 1 und 2, während die Präambel Z (B) nur in jedem 192sten Frame anstelle der X-Präambel erscheint und so den Beginn eines neuen Blockes markiert.

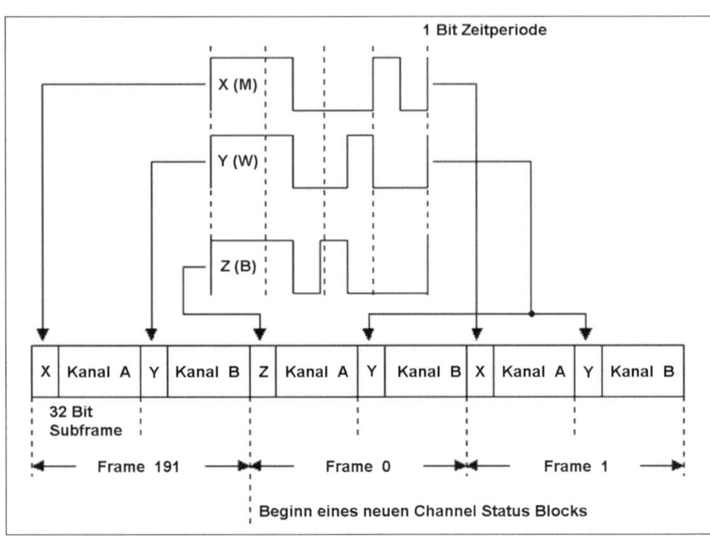

Abbildung 31: Die drei verschiedenen Präambeln

Die Aux-Bits

Nur 20 Bit Audio + 4 Aux-Bits

Ursprünglich waren als Standard nur 20 Audio-Bits vorgesehen. Es besteht jedoch die Möglichkeit, die vier Bits dieses Blockes als zusätzliche Audio-Bits zu verwenden und so eine Wortbreite von 24 Bit zu übertragen. Eine neuere Version des AES3-Standards aus dem Jahre 1992 (AES3-1992) beinhaltet eine Kennzeichnung der verwendeten Wortbreite innerhalb der Kanalstatusdaten, um so dem Empfänger mitzuteilen, wie die vier Bit des Aux-Blockes zu interpretieren sind.

Neben der Verwendung als Teil der PCM-Audiodaten sind auch andere Anwendungen möglich, so wurde zum Beispiel von der CCIR vorgeschlagen, die Aux-Bits könnten für die zusätzliche Übertragung von Sprache benutzt werden, um auf diese Weise eine Kommandoanlage zu ersetzen. Der Vorschlag wurde in den Anhang der AES3 (1992) „nur zur Information" aufgenommen. Er sieht vor, ein 12-Bit-Wort zu verwenden, es würden also je 3 Subframes für jede Richtung (Senden und Empfang) benötigt. Dies entspräche bei einer Samplingfrequenz von 48 kHz des PCM-Audiosignals also einer Samplingfrequenz von 16 kHz (48 kHz/3) für die beiden Kommandokanäle, damit wäre die Übertragung von Audiodaten mit einer Bandbreite von 7 kHz, also Telefonqualität möglich, was für Kommandos vollkommen ausreichend wäre.

Das Validitäts-Bit (V)
Über den Wert und die Anwendung dieses Bit in jedem Subframe wurde während des Standardisierungsprozesses viel diskutiert. Ursprünglich war das V-Bit dazu gedacht, Auskunft über die gesendeten Audiodaten zu liefern. Ist es auf Null gesetzt, sind die Daten fehlerfrei und gültig (= valid), steht hier eine 1, weisen die Daten Fehler auf.

Gültig?

Die Diskussion über den Sinn dieses Bits hat folgenden Hintergrund: Da nur ein Bit zur Verfügung steht, kann keine Aussage über die Schwere des Fehlers gemacht werden. Weiterhin war niemals klar, was ein Gerät tun sollte, wenn im Datenstrom ein Frame als ungültig markiert wurde. Dieser Umstand überließ es den Herstellern, über die Reaktion ihre Geräte in einem solchen Fall zu entscheiden.

Die am meisten gebräuchliche Anwendung des V-Bit besteht darin, ein Subframe als ungültig zu markieren, wenn bei der Wiedergabe ein nicht korrigierbarer Fehler auftrat. Nicht alle Geräte verhalten sich jedoch so, bei einigen wird ein Subframe auch dann als ungültig markiert, wenn der aufgetretene Fehler korrigiert werden konnte. Hierin liegt eine Ursache dafür, dass sich manche DAT-Recorder bei problematischen Bändern kritischer verhalten als andere.

Die AES3-1992-Empfehlung änderte die Beschreibung dieses Bit gegenüber der ursprünglichen Version von 1985 ab. Die Formulierung lautet nun, dass angezeigt werden solle, ob die Daten für eine Wandlung in ein Analog-Signal geeignet sind oder nicht. Diese eng gefasste Beschreibung kann dafür sorgen, dass z. B. bei einem DAT-Recorder Daten als ungültig markiert werden, die nur durch Interpolation berichtigt werden konnten. Das empfangende Gerät wird in diesem Fall seine Ausgänge stumm schalten, obwohl der Benutzer wünscht, dass die Daten trotz des aufgetretenen (oft unhörbaren) Fehlers wiedergegeben werden.

Auch die Reaktion auf ein empfangenes V-Bit ist bei verschiedenen Geräten unterschiedlich: Einige schalten immer stumm, wenn ein gesetztes Validity-Bit empfangen wird, andere verwenden die Informationen sozusagen als einen Baustein zur Entscheidungsfindung.

Bei der Aufnahme verhalten sich Geräte ebenfalls unterschiedlich, manche zeichnen ein über die digitale Schnittstelle ankommendes, gesetztes Validity-Bit nicht mit auf, so dass als fehlerhaft markierte Daten diese Markierung verlieren.

Ebenso geben nicht alle elektronischen Bausteine das V-Bit ordnungsgemäß weiter, einige Samplerate-Konverter z. B. „bereinigen" das Signal und eliminieren die Fehlermarkierung.

Unklar ist auch die Frage, was geschehen soll, wenn verschiedene digitale Audiodaten gemischt werden und eines der Signale ein gesetztes V-Bit enthielt. Sicherlich gibt es für viele der genannten Fällen keine einheitliche Lösung, und so wird auch bei weiteren Empfehlungen zu diesem Thema der Grundsatz bleiben, dass die letzte Entscheidung abhängig von der Anwendung den Geräteherstellern überlassen wird. Philips z.B. nutzte die in der AES3-1992 genannte Formulierung „Daten für eine Wandlung in ein Analog-Signal geeignet oder nicht" bei der Einführung des CD-I-Formates, um die Daten zu markieren, die keine Audioinformation enthalten.

4.1.2 Die User-Bits

Das in jedem Subframe vorhandene User-Bit hat vielfältige Anwendungen, viele davon bleiben dem Benutzer verborgen. Die 192 Bit, die pro Kanal in jedem Block zur Verfügung stehen, werden in 24 Byte (1 Byte = 8 Bit) unterteilt und z. B. dazu benutzt, Timecode oder Texte zusammen mit den Audiodaten zu übertragen; Informationen wie die Titelnummern bei CDs oder Start-IDs bei DAT- Recordern werden hier gespeichert und weitergegeben. Im später noch erläuterten Kanalstatus-Block wird in ersten Byte die Verwendung der User-Bits spezifiziert, so dass der Empfänger die Daten richtig interpretieren kann.

Bits 4 – 7 des ersten Kanalstatus-Bytes	User-Bit-Format
0000	Default-Einstellung. Es werden keine User-Bits verwendet.
0001	192 Bitblock-Struktur
0010	AES18
0011	Anwenderspezifisch definiert

Jedes neue digitale Aufzeichnungsmedium brachte andere Anwendungen zu Tage, oft gibt es Probleme bei der Interpretation der Daten, wenn von einem Medium zum anderen überspielt werden soll. Um einige dieser Schwierigkeiten erkennen zu können, wird im folgenden kurz erläutert, wie die User-Bits von den wichtigsten Systemen benutzt werden.

4.1.2.1 Die User-Bits bei der Compact Disk

Jede CD enthält zusätzlich zu den Audiodaten einen Subcode-Bereich, in dem wichtige Zusatzdaten gespeichert sind. Eine der Funktion des Subcodes besteht darin, Informationen über die Position der einzelnen Tracks und deren Länge zu liefern. Auch eine Information darüber, ob bei der Aufnahme ein Emphasis-Filter benutzt wurde, sind hinterlegt. Der Subcode besteht aus 98 Bytes, die zu einem Subcodeblock zusammengefasst sind. Der Beginn eines jeden Blockes wird durch zwei Sync-Worte markiert, die je ein Byte lang sind und Bitkombination enthalten, die im normalen Modulationscode nicht vorkommt und so eindeutig erkannt werden kann. Es bleiben 96 Bytes pro Block, sie sind in acht Worten zu je 96 Bit organisiert und werden den Buchstaben P, Q, R, S, T, U, V und W bezeichnet.

Das „P"-Datenwort wird dazu benutzt, den Beginn der einzelnen Titel zu markieren, um das Laser-Abtastsystem platzierten zu können. Alle 96 Bit des P-Wortes werden auf „1" gesetzt, der Anfang des nächsten Titels ist dort definiert, wo wieder ein „P"-Wort aus Nullen besteht. Dieses so gebildete Startflag muss nach dem CD Standard mindestens zwei Sekunden lang sein.

Das „Q"-Wort, das als nächstes folgt, hat verschiedene Funktionen, die in der folgenden Grafik dargestellt sind.

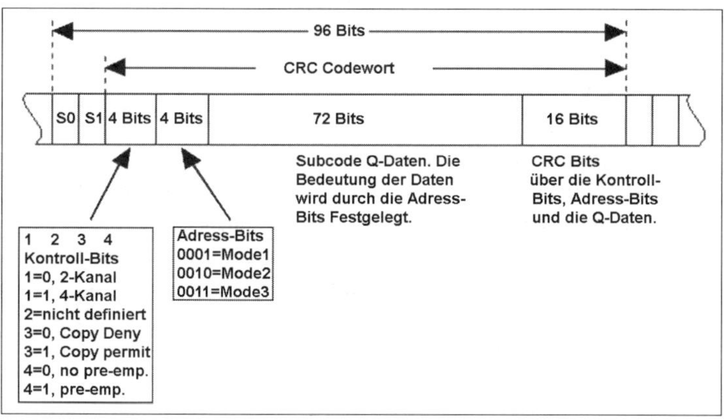

Abbildung 32: Die Bedeutung der Daten im „Q"-Wort des CD-Formates

Wie in der Grafik zu sehen ist, sind wichtige Daten im „Q“-Wort des Subcodes einer CD enthalten. Die Bedeutung der Adressbits ist wie folgt:

Mode 1: Im Startbereich der CD beinhalten die Daten die so genannte Table of Content (TOC), eine Liste aller Titel und ihrer Startzeiten. Zu Anfang jedes Titels sind Startnummer und Startzeit des einzelnen Titels gespeichert. Während ein Titel läuft, ist hier die fortlaufende Zeit enthalten.

Mode 2 enthält die Katalognummer der CD.

Mode 3 schließlich enthält den ISRC jedes Titels (ISRC = International Standard Recording Code).

Das CRC-Wort stellt ein Kontrollwort für die Fehlerkorrektur dar, das sich auf den jeweiligen Datenblock bezieht. Ich möchte an dieser Stelle nicht näher auf die restlichen Subcode-Inhalte (R-W) eingehen, sie sind für die weitere Betrachtung nicht wichtig.

Nach diesem kurzen Exkurs in den Subcode-Bereich einer CD zurück zu den Daten, die im digitalen Zweikanal-Interface AES3 übertragen werden. Der CD-Subcode-Bereich „P“ wird nicht übertragen, in den User-Bits ist aber eine Übertragung der Daten der CD-Subcode-Blöcke Q-W vorgesehen. Dies ist dann von besonderer Bedeutung, wenn eine CD (natürlich nur für professionelle Zwecke) über den Digitalausgang eines CD-Spielers (Consumer-Format = SPDIF) z.B. auf DAT oder CD-R/RW kopiert werden soll.

4.1.2.2 Die User-Bits bei DAT

Wie bei der CD enthalten auch die User-Bits, die bei DAT-Recordern über die digitale Audioschnittstelle übertragen werden, Daten aus dem Subcode-Bereich des Aufzeichnungsformates. Der Subcode-Bereich des DAT-Formats ist jedoch wesentlich umfangreicher als der des CD-Formates (4,6 mal höhere Kapazität), so dass ich an dieser Stelle auf eine vollständige Darstellung verzichten möchte und nur jene Daten bespreche, die z.B. für Übertragungsprobleme verantwortlich sein könnten.

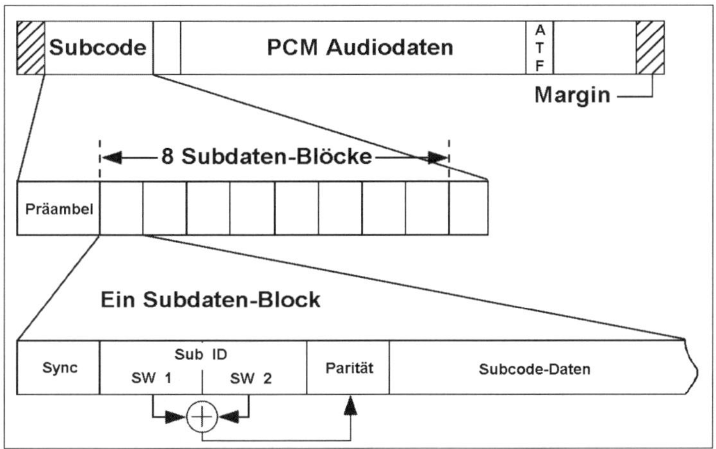

Abbildung 33: Das Blockformat bei DAT

Der DAT-Subcode wird in zwei Bereichen der Spur symmetrisch vor und hinter den PCM-Audiodaten aufgezeichnet. Die Datenmenge, die hier gespeichert wird, ist weit geringer, als dies theoretisch möglich wäre. Der Grund liegt darin, dass im Shuttle-Mode die Spuren wegen der veränderten Geschwindigkeit nicht mehr vollständig gelesen werden können. Dies ist auch die Ursache für die schlechte Audio-Wiedergabe. Sie Subcode-Daten werden deshalb in aufeinander folgenden Spuren mehrmals wiederholt, um sicherzustellen, dass auch im Shuttle-Mode Subcode gelesen werden kann.

Bereits im PCM-Datenbereich werden in einem Header, in der so genannten PCM-ID wichtige Informationen über Verwendungszweck (Audio oder Computerdaten), Art der Entzerrung, Samplefrequenz, Kanalnummer, Anzahl der Quantisierungs-Bits und das Kopierschutzsignal gespeichert. Neben diesen Daten finden sich ein - Search Code (SC), der die absolute Zeit (ABS-Time) in Stunden, Minuten, Sekunden und unter Anderem eine Information zum Auffinden von Bandanfang und Bandende enthält, sowie ein Auxilliary Code (AC), dessen mögliche Informationen die folgende Tabelle zeigt.

Symbol	Modus	Inhalt, Beschreibung
0000	Keine Information	Pack 1 bis 8 sind „0“
0001	Program Time	P.-No. Index und Zeit innerhalb eines Programms
0010	Absolute Time	P.-No. Index und Zeit ab Bandbeginn
0011	R-Time / Pro R-Time	P.-No. Index und kontinuierliche Zeit innerhalb einer Aufnahme (Konsumer-Format) oder Pro-R-Time im Professional-Format.
0100	TOC	Inhaltsverzeichnis
0101	Calendar	Aufzeichnung des Datums: Jahr, Monat, Tag, wievielter Tag der Woche, Stunden, Minuten, Sekunden.
0110	Catalog	Katalognummer der Kassette
0111	ISRC	Internationaler Standard Recording Code
100	Pro-Binary	Timecode-User-Bits
1001 bis 1110	Reserviert für spätere Benutzung	
1111	Soft Mode	Reserviert für industriell bespielte Kassetten

Alle diese Daten können nicht unabhängig von den Audiodaten aufgenommen oder überschrieben werden. Es existiert deshalb wie bereits oben erwähnt ein zusätzlicher Subcode-Bereich an den Rändern des Bandes, also am Anfang und Ende jeder Schrägspur. Eine besondere Eigenschaft dieses Subcodes ist, dass er unabhängig von den PCM-Audiodaten aufgenommen oder überschrieben werden kann. Dies ermöglicht die nachträgliche Änderung von Start-IDs, Skip-IDs und das nachträgliche Aufnehmen vom Timecode.

Die Datenstruktur eines Subcode-Blockes und eines PCM-Blockes ist sehr ähnlich und beginnt mit einem Sync-Wort, dem ein zweigeteilten Header (SW1 und SW2) folgt. Da immer zwei Subcode-Blöcke als ein zusammengehörendes Paar verwendet werden, besteht der Header aus vier Teilen.

	Header		Block-Adresse		Datenbereich 256 Bit			
Sync	ID	ID	XXX0	Parität	Pack 1	Pack 3	Pack 5	Pack 7
Sync	P.-No.	P.-No.	XXX1	Parität	Pack 2	Pack 4	Pack 6	C1
	SW1	SW2			Je			
8 Bit	8 Bit	4 Bit	4 Bit	8 Bit	64 Bit			

Das MSB (= Most Significant Bit, das Bit mit der höchsten Wertigkeit) des Block-Adressen-Bytes ist immer gesetzt, um eine Unterscheidung der PCM-Audiodaten und der Subcode-Daten zu ermöglichen. In ID1 sind eine TOC-ID, Start-ID, Skip-ID und eine Priority-ID vorgesehen. Die TOC-ID zeigt an, dass der folgende Block die Daten einer TOC (Table of Content = Inhaltsverzeichnis) enthält, das Priority-Flag wird immer dann gesetzt, wenn die Programm-Nummer (P.-No.) im Subcode editiert wurde und deshalb Vorrang vor der P.-No. haben muss, die während der Aufnahme der Audiodaten in der PCM-ID gespeichert worden war und nicht mehr unabhängig von den Audiodaten überschrieben werden kann.

Die ersten vier Bit von SW2 werden als Data-ID bezeichnet und enthalten die gleiche Information wie ID 0 der PCM-Daten: 0000 = Subcode nach dem Digital Audio Standard, 1000 = DDS-Format (Digital Data Storage).

Die ersten vier Bit des ersten Packs beschreiben die Verwendung der restlichen Datenpacks, wie in der Tabelle zur Erklärung der Zusatzdaten im PCM-Bereich bereits beschrieben.

Wie bei der CD werden auch bei DAT nicht alle Subcode-Daten in den User-Bits der digitalem Audioschnittstelle übertragen. Im Wesentlichen enthalten die User-Bits eines DAT-Recorders nur Start-IDs und Skip-IDs, viel weniger Daten oder Informationen also, als übertragen werden könnten. Wie bei der CD werden die Daten des rechten und linken Kanal als zusammengehörend betrachteten.

Zusätzlich wird als Sync-ID einmal pro Kopftrommel-Umdrehung in dem Subframe das User-Bit gesetzt, in dem auch der Interleav-Block enthalten ist. Diese Sync-ID kann dazu benutzt werden, eine Synchronisation zwischen zwei Recorder herzustellen, wenn DAT-Recorder als Schnittplatz verwendet werden.

4.1.3 Der große Unterschied: Die Channel-Status-Bits

Sowohl im AES/EBU- als auch im SPDIF-Format erstrecken sich die Channel-Status-Bits über 192 Subframes und bilden eine 24 Bytes großen Block. Der Inhalt dieses Blocks jedoch ist in beiden Formaten vollkommen unterschiedlich.

4.1.3.1 Der Channel-Status im AES/EBU-Format

Die folgende Tabelle zeigt eine Übersicht der Verwendung der 24 Byte im professionellen AES/EBU-Format.

Byte	Bit 0	1	2	3	4	5	6	7
0	P/C	Audio?	Emphasis			Locked	Sample-Frequenz	
1	Kanal Modus				Verwendung der User-Bits			
2	Verwendung der Aux-Bits			Länge des Audio-Wortes			Reserviert	
3	Reserviert für die Verwendung von Mehrkanal-Anwendung							
4	AES11 Sync Ref.		Reserviert					
5	Reserviert							
6	Kanalherkunft							
7								
8								
9								
10	Kanalziel							
11								
12								
13								
14	Sample-Zähler							
15								
16								
17								
18	Tageszeit							
19								
20								
21								
22	Zuverlässigkeit der Daten und Kanalstatus-Bits							
23	CRCC (Cyclich Redundancy Check Code) = Fehlerkorrektur-Wort							

Die Bytes haben im einzelnen folgende Bedeutung:

Byte 0
Im ersten Bit wird angezeigt, ob der folgende Channel Status als Consumer oder als Professional interpretiert werden soll. Das zweite Bit zeigt an, ob die übertragenen Daten Audiodaten sind. Die nächsten drei Bits definieren den Typen der verwendeten Entzerrung. Mit Bit fünf wird angezeigt, ob die Abtastfrequenz der Quelle frei läuft oder synchronisiert ist. Wenn dieses Bit auf eins gesetzt ist (unlock), sind die Audiodaten möglicherweise unzuverlässig. In Bit 6 und 7 wird die Samplingfrequenz spezifiziert. Sind beide Bits = 0, ist die Abtastfrequenz nicht definiert, der Default-Wert ist 48 kHz.

Byte 1
In den ersten vier Bit dieses Byte wird die Benutzung der beiden Audiokanäle festgelegt. Es gibt einen Zweikanal-Modus, einen Einkanal-Modus, einen Stereo-Modus, weitere mögliche Bit-Kombinationen sind für zukünftige Anwendungen reserviert. In der zweiten Hälfte von Byte 1 wird die Benutzung der User-Bits beschrieben. Da im AES/EBU-Format die User-Bits meistens nicht verwendet werden, ist der Default = 0000.

Byte 2
Wenn eine Wortbreite von mehr als 20 Bit verwendet werden soll, können wie erwähnt die Aux-Bits zusätzlich verwendet werden. Die Verwendung der Aux-Bits bildet in Bit 1 bis 3 von Byte zwei beschrieben. Die Bits 3 bis 5 beschreiben die tatsächlich im vorbeschriebenen Fenster vorhandene Wortbreite.

Byte 3
Byte 3 ist komplett für zukünftige Anwendungen reserviert.

Byte 4
In Byte 4 wird gemeldet, ob das ankommende Signal als Samplefrequenz-Referenz verwendet werden kann und um welchen Typen von Referenz ist sich handelt.

Byte 5
Auch Byte 5 ist komplett für zukünftige Anwendungen reserviert.

Byte 6 bis 9

Diese vier Byte werden als Block interpretiert und können ASCII-Zeichen enthalten, die Auskunft über die Herkunft der gesendeten Daten geben. Es existiert keine Einschränkung, so können für z. B. vom sendenden Gerät „CD“ oder „DAT“ generiert werden.

Byte 10 bis 13

Ebenfalls als Block interpretiert, können diese vier Byte ASCII Zeichen enthalten, die Auskunft über das Ziel der Daten geben. Auch hier gelten keine Einschränkungen.

Diese beiden Blocks sind z.B. verwendbar, um einem Signal den Weg durch ein automatisches Routing-System zu weisen. So könnte das Signal von der Quelle „DAT Studio 1“ automatisch zu „Sendestudio 3“ geroutet werden, die Quelle des ankommenden Signals könnte dort in einem Display dargestellt werden.

Byte für 14 bis 17

Diese Bytes enthalten das Ergebnis eines fortlaufenden Zählers mit 32 Bit Wortbreite. Beginnend mit dem Einschalten des Gerätes werden die Samples fortlaufend gezählt, dies ergibt eine Zählzeit von ungefähr 25 Stunden, danach startet der Zähler wieder bei 0.

Byte 18 bis 21

Diese Bytes beinhalten ähnlich des Zählers aus Byte 14 bis 17 einen Zeitzähler, der ebenfalls mit Einschalten des Gerätes gestartet wird. Dies erlaubt das Errechnen der Zeitdifferenz zwischen beliebigen Samples. Diese Zeit wird einmal pro Channelstatus-Block berichtigt, bei 48 kHz Samplefrequenz geschieht dies alle 4 ms.

Byte 22

Die ersten vier Bit von Byte 22 sind für spätere Benutzung reserviert, Bit 4 gibt Auskunft über die Zuverlässigkeit von Byte 0 bis 5, Bit 5 über die Bytes 6 bis 13, Bit 6 über die Bytes für 10 bis 17 und Bit 7 schließlich über die Bytes 18 bis 21. Dies ermöglicht, einzelne Blöcke der Channel-Status-Informationen zu markieren. Die markierten Blöcke werden dann vom Empfänger nicht interpretiert und müssen deshalb nicht gesendet werden.

Byte 23

Als letztes folgt in Byte 23 ein Fehlerkorrektur-Wort, das über den gesamten Channel-Status-Block gebildet wird.

Wie man sieht, sind die Channel-Status-Daten im professionellen AES/EBU-Format sehr umfangreich. Im Consumer-Format werden nur die Bytes 0 bis 3 benutzt, alle anderen Bytes sind für zukünftige Anwendungen reserviert.

4.1.3.2 Der Channel-Status im Consumer-SPDIF-Format

Die folgende Tabelle zeigt eine Übersicht der Verwendung der Channel-Status-Bytes im SPDIF-Format.

Byte	Bit 0	1	2	3	4	5	6	7
0	P/C	Audio?	Copy	Emph.	Res.	2/4 CH.	Modus	
1	Kanal Code							
2	Quellennummer				Kanalnummer			
3	Samplerfrequenz				Taktgenauigkeit		Reserviert	

Die Bytes haben im einzelnen folgende Bedeutung:

Byte 0

Die Verwendung von Bit 0 ist identisch mit der des AES/EBU-Formates, auch Bit 1 spezifiziert wie im professionellen Format Audio oder Nicht-Audio-Anwendung.

Der erste drastische Unterschied zum professionellen Format erscheint in Bit 2: hier steht das Kopierschutz-Bit. Wenn dieses Bit auf Null gesetzt ist, ist keine Kopie der Audiodaten möglich. Bit 3 enthält das Emphasis-Bit, hier wird im Gegensatz zum professionellen Format nicht zwischen verschiedenen Entzerrungen unterschieden. Bit 4 ist für spätere Anwendungen reserviert, in Bit 5 wird zwischen einem Zweikanal- und einem Vierkanal-Modus unterschieden. Die Bits 6 und 7 geben Auskunft über den Consumer-Format-Mode. Bisher ist nur ein Modus definiert, beide Bits sind dann auf Null gesetzt.

Byte 1

Der Kategorie-Code gibt Auskunft über die Art des sendenden Gerätes. So bedeutet zum Beispiel 100,dass es sich um einen CD-Player handelt. 010 steht für einen digitalen Signalprozessor,110 für eine Quelle mit magnetischer Aufzeichnung. Vom Kategorie-Code hängt u. a. ab, wie die Daten in den User-Bits interpretiert werden.

Das letzte Bit dieses Byte, also Bit 15 im gesamten Block wird als „L-Bit“ bezeichneten und stellt ein Kopierschutz-Bit dar, das zusammen mit dem Copyright-Bit (Byte 0, Bit 2) den so genannten SCMS-

Kopierschutz bildet. Im „L-Bit“ wird dargestellt, ob das Signal von einer Originalaufnahme stammt (L-Bit = 0), oder ob es sich um eine Kopie handelt (L-Bit = 1). Die Funktionsweise dieses Kopierschutzes wird später noch ausführlich erklärt.

Byte 2
Die Quellen-Nr. stellt eine Zahl von eins bis 15 dar, die Kanal-Nr. wird mit Buchstaben von A bis O bezeichnet, wobei A bei einem Stereosignal den linken, B den rechten Kanal bezeichnet.

Byte 3
In Byte 3 schließlich wird die Samplefrequenz und deren Genauigkeit spezifiziert. IEC 958 unterscheidet zwischen drei Genauigkeitsstufen: Level 1 = hohe Genauigkeit (Byte 3, Bits 4/5 = 10) bedeutet eine Genauigkeit von +/-50 ppm (Parts per Million). Level 2 = normale Genauigkeit (Byte 3, Bits 4/5 = 00) beschreibt eine Genauigkeit von +/-1000 ppm, Level 3 (Byte 3, Bits 4/5 = 01) schließlich besagt, dass ein Signal mit Varispeed zu erwarten ist, der Bereich ist mit +/-12,5% festgelegt. Merkwürdigerweise ist eine solche Indikation der Genauigkeit der Samplefrequenz im professionellen Format nicht vorgesehen.

4.1.4 Die technischen Daten der elektrischen und optischen Übertragung

Die AES/EBU-Schnittstelle

Kein Mikrofonkabel!

Zunächst erschienen es wünschenswert, für die Übertragung von digitalen Audiodaten im professionellen Bereich die vorhandenen symmetrischen Kabelverbindungen verwenden zu können. Diese Verbindungen sind nominell mit einer Impedanz von 600 Ohm abgeschlossen.

Im AES3-Standard wird als Quellimpedanz jedoch 110 Ohm +/-20 % vorgesehen. Die Impedanz des Empfängers sollte ursprünglich 250 Ohm betragen, um bis zu vier Empfänger an einer Quelle anschließen zu können. Diese Spezifikationen wurde in AES3-1992 geändert, auch für den Empfänger soll die Impedanz nun 110 Ohm betragen. Die charakteristische Impedanz des Kabels soll bei den zu übertragenden Frequenzen (bis zu ca. 6 MHz) ebenfalls 110 Ohm betragen, wenn diese Spezifikationen eingehalten werden, ist eine Übertragung über mehrere 100 Meter möglich. Dies ist aber bei normalen Mikrofonkabeln nicht der Fall. Die gesendete Spannung sollte nach AES3-1985 zwischen 3 und 10 Volt Spitze/Spitze liegen, diese Angabe wurde im AES3-1992 in 2 bis 7 Volt geändert, um die am Markt befindlichen kostengünstigen Standard-RS-422-Treiberbausteine als Sendechips verwenden zu können.

Der Empfänger muss ein Signal zwischen 0,2 Volt und fünf Volt erkennen können. Als Stecker soll ein dreipoliger XLR-Stecker verwendet werden, wie er in die IEC 268, Teil 12, beschrieben ist.

Um eine Dämpfung von hohen Frequenzen bei langen Leitungen auszugleichen, wird die Verwendung eines Filters vorgeschlagen, das eine Anhebung von 6 dB bei 1 MHz beziehungsweise 12 dB bei 10 MHz gegenüber 100 kHz vorsieht.

Die SPDIF-Schnittstelle

Im Gegensatz zum professionellen Format ist die Benutzung langer Kabelwege im Consumer-Format nicht vorgesehen. So konnte auf eine symmetrische Leitungsführung mit niedriger Impedanz verzichtet werden. Als Spannung sind 0,5 Volt Spitze/Spitze vorgesehen, die über ein unsymmetrisches Kabel und so genannte RCA-Stecker (Cinch-Stecker) übertragen werden. Der IEC-Standard empfiehlt diese Übertragungsmethode bis zu einer Länge von zehn Metern.

Als weitere Option ist die Übertragung mittels Lichtleiter vorgesehen, der Dateninhalt bei dieser Übertragungsart entspricht dem SPDIF-Format.

Die folgende Tabelle zeigt noch einmal eine Übersicht mit den Unterschieden der elektrischen Daten zwischen AES/EBU und die IEC 958.

Typ	AES/EBU	SPDIF/IEC 958
Steckertyp	XLR	RCA (Cinch)/Optisch
Leitungstyp	Symmetrisch	Unsymmetrisch
Impedanz	110 Ohm	75 Ohm
Pegelbereich	0,2 V bis 5 V pp	0,2 V bis 0,5 V
Frequenzgenauigkeit	Grade I: +/- 1 ppm	I: +/- 50 ppm
	Grade II: +/- 10 ppm oder	II: +/- 1000 ppm (0,1%)
	„Not reference Grade“	III: Varispeed +/- 12,5%
Jitter	+/-20 ns	Nicht definiert
Flankensteilheit	Zwischen 10 und 30 ns	Zwischen 10 und 30 ns

In Kapitel 3.3.2 zum Thema Jitter wurde bereits gezeigt, wie sich falsche oder schlechte Kabel auf die Funktion und sogar auf den Klang der seriellen Übertragung von digitalen Audiosignalen auswirken können. Die am Anfang dieses Buchen als Vorteil der Digitaltechnik genannte These, dass die Audioqualität unabhängig vom Übertragungskanal sei, ist zwar theoretisch und unter optimalen Bedingungen richtig, die Praxis jedoch zeigt, dass auch die Übertragung von digitalen Daten nicht unbeeinflusst und unabhängig von Kanalparametern gesehen werden kann. Auch hier fordert die Physik ihren Tribut und will beachtet werden.

4.2 Die Mehrkanalschnittstellen

Viele Köche...

Wie im vorigen Abschnitt deutlich wurde, gibt es im Bereich der Zweikanalschnittstellen eine weitgehende Einigung über Herstellergrenzen hinweg, so dass ein Datenaustausch bis auf einige Ausnahmen meist problemlos funktionieren sollte. Leider ist dies bei den Mehrkanalschnittstellen nicht der Fall. Hier führte die Vielzahl der Hersteller zu einer fast genauso großen Zahl verschiedener Schnittstellen. Einzig die im professionellen Bereich eingesetzte MADI Schnittstelle ist als AES10 Hersteller-übergreifend genormt. Die Entwicklungskosten für die verschiedenen Mehrkanal-Aufzeichnungsverfahren waren und sind offensichtlich so hoch, dass die Hersteller die Hoffnung hatten, sich mit ihrem Format durchzusetzen und sich so über die Lizenzvergabe an andere Hersteller eine zusätzliche Einnahmequelle zu verschaffen. Im Folgenden möchte ich einen kurzen Überblick über einige der gängigsten Formate geben, ohne zu sehr ins Detail zugehen.

4.2.1 MADI, das „Multichannel Audio Digital Interface“

Das MADI-Interface ist eine der ältesten digitalen Mehrkanalschnittstellen. Das Format wurde bereits 1988 von vier Firmen des professionellen Audiobereiches vorgeschlagen (Sony, Neve, Mitsubishi, Solid State Logic) und ist seit 1991 ein AES- (AES10-1991) und ANSI-Standard (ANSI S4.43-1991). Eine neue, überarbeitete Version des Standards ist als AES10-2003 in Mai 2003 erschienen. Grundsätzlich wurde dieses Format geschaffen, um eine einfache Verbindung zwischen digitalen Mehrspurmaschinen und digitalen Mischpulten herzustellen. Ist gibt einige Parallelen zum Zweikanal-AES3-Format, der Channel-Status, die User-Bits und Aux-Daten eines zweikanaligen AES/EBU-Signals bleiben bei der Übertragung über MADI erhalten. Beim MADI-Format handelt es sich im Gegensatz zu den Zweikanal-Formaten AES/EBU und SPDIF nicht um eine selbst-synchronisierende Schnittstelle.

Draht oder LWL

Ein MADI-Signal kann bis zu 64 Kanäle enthalten, die seriell mittels eines Standard-75-Ohm-Koaxialkabels übertragen werden. Als Steckverbindung sind BNC-Stecker vorgesehen, zusätzlich muss auf einer getrennten Leitung ein AES/EBU-Signal oder Wordclock mit TTL-Pegel zur Synchronisation übertragen werden. Mindestens 50 Meter Entfernung können so überbrückt werden, falls deutlich längere Verbindungen benötigt werden, kann eine Glasfaser-Verbindung eingesetzt werden.

Im Prinzip enthält ein MADI-Signal die gleiche Frame-Struktur wie ein AES/EBU-Signal, bis zu 64 Kanäle werden gemultiplext und nacheinander innerhalb einer Taktperiode übertragen. Dies erfordert eine sehr hohe Datenübertragungsrate, die Verluste im übertragenden Kabel sind deshalb zwangsläufig höher. Um trotzdem eine sichere Übertragung auch über längere Strecken zu ermöglichen, wird ein anderes Modulationsverfahren als bei der Übertragung von AES/EBU-Signalen verwendet: Während beim AES/EBU-Signal die zu übertragende Datenrate und damit die benötigte Bandbreite des Übertragungskanals (Frequenzgang des Kabel etc.) von der Samplefrequenz abhängt, ist die Datenrate bei MADI mit 125 Megabit pro Sekunde festgelegt und bleibt durch „Auffüllen" auch bei niedrigeren Sampling-Frequenzen immer konstant. So ist es möglich, ein Filter zur Kompensation von Übertragungsverlusten (Anhebung von hohen Frequenzen) optimal zu dimensionieren.

Das Auffüllen wird ermöglicht, indem eine so genannte 4/5-Codierung verwendet wird. Dies bedeutet, dass jeweils eine Gruppe von 4 Bit des Nutzsignals als Gruppe von 5 Bit übertragen wird. 4 Bit ergeben 16 Kombinationsmöglichkeiten, 5 Bit hingegen ermöglichen 32 Kombinationen. Da von diesen 32 Möglichkeiten nur 16 benötigt werden, um alle Nutzdaten zu übertragen, können zum einen zur Datenübertragung die Kombinationen ausgesucht werden, die eine möglichst ausgewogene Anzahl von „0" und „1" enthalten. Zum anderen können die nicht benötigten Kombinationen dazu genutzt werden, das Signal aufzufüllen, um eine konstante Datenübertragungsrate zu erreichen. Diese fest definierten 5-Bit-Worte ohne Inhalt werden dann einfach vom Empfänger ignoriert.

Das MADI-Interface wurde in digitalen Mehrspur-Bandmaschinen des Dash-Formats (Sony, Studer) und des PD-Formats (Mitsubishi, Otari) eingesetzt. In den modernen digitalen Mehrspursystemen, seien sie bandgestützt oder auf Disks basierend, kommen preisgünstigere Mehrkanalschnittstellen zum Einsatz. Nur in sehr großen, professionellen und damit teuren digitalen Mischpulten wird MADI weiterhin verwendet. Um die modernen preisgünstigeren digitalen Mehrspurmaschinen anschließen zu können, die nicht über Ein- und Ausgänge im MADI-Format verfügen, gibt es eine Reihe von Interfaces, die das MADI-Format auf das jeweils benötigte Format umsetzen. So stellen die Firmen AMS/Neve und Lawo jeweils ein MADI/TDIF-Interface her.

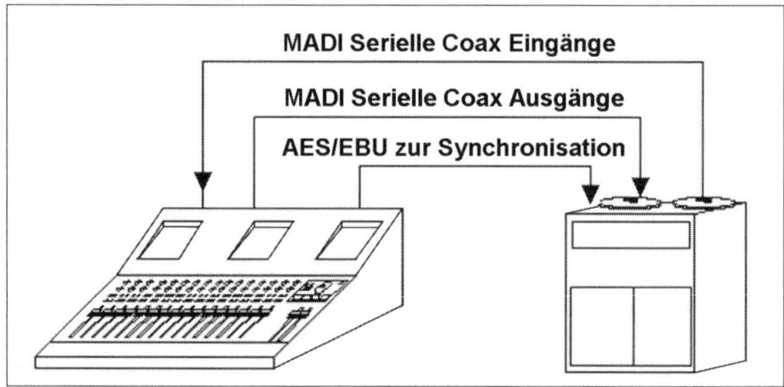

Abbildung 34: Eine typische MADI-Konfiguration

Neben dem AES/EBU-Signal als Synchronisationsquelle kann in den meisten Fällen auch ein Wordclock-Signal mit TTL-Pegel verwendet werden.

4.2.2 Das SDIF-2-Format (Sony Digital Interface 2)

Dieses von Sony entwickelte Übertragungsformat wird in erster Linie bei digitalen Mehrspur-Bandmaschinen des Dash-Formates verwendet, die Vertreter des Dash-Formates waren Sony, Studer und Teac/Tascam. Mit dem Aufkommen der preiswerten digitalen Mehrspurgeräte auf Basis von Videokassetten (DTRS-Format von Teac/Tascam auf Hi8 und ADAT von Alesis auf SVHS) und der immer stärkeren Verbreitung von Harddisk-Systemen verlor dieses Format an Bedeutung, weshalb ich es hier nur kurz erläutere:

Parallele Schnittstelle

Es handelt sich um eine parallel arbeitende Schnittstelle, dies bedeutet, dass für jedem zu übertragenden Kanal eine eigene Leitung zur Verfügung steht. Da die Übertragung zudem symmetrisch erfolgt, benötigt man für 24 Ein -und Ausgangskanäle 48 symmetrische Leitungen. Es findet ein 50-Pin-SubD-Stecker Verwendung, zur Synchronisation ist eine zusätzliche Wordclock-Verbindung mittels BNC-Steckern herzustellen. Von verschiedenen Herstellern (z.B. Otari, Teac/Tascam) werden Interfaces angeboten, die das SDIF-2-Format in andere Mehrkanalformate wie z.B. Teacs TDIF umsetzen.

4.2.3 TDIF, Teac Digital Interface

Das TDIF-Format zählt wegen der großen Verbreitung der Tascam DTRS-Mehrspur-Recorder zu den am weitesten verbreiteten Mehrkanal-Übertragungsformaten. Es erschien 1992 mit dem ersten 8-Spur-Recorder DA-88 der Firma Teac/Tascam und hat sich so weit etabliert, dass es auch von nahezu allen anderen Herstellern digitaler Audiogeräte als Schnittstelle angeboten wird. Wie die oben genannte SDIF-2-Schnittstelle handelt es sich um ein parallel arbeitendes, nicht selbstsynchronisierendes Format.

„Halb-Parallel“

Jeweils zwei Kanäle sind wie beim AES/EBU oder SPDIF-Format auf einer Leitung zusammengefasst und werden also seriell übertragen, es werden daher 4 Leitungen für die 8 Eingänge und weitere 4 Leitungen für die 8 Ausgänge benutzt. Da vier serielle Zweikanal-Signale parallel übertragen werden, könnte man im Gegensatz zum SDIF-2 Format von einer „halb-parallelen“ Übertragung sprechen. Zusätzlich ist im Kabel eine Leitung als Wordclock Eingang, eine weitere als Wordclock-Ausgang vorgesehen, hinzu kommen Signalleitungen, die Informationen über die verwendete Samplefrequenz und den Status der Emphasis weitergeben. Obwohl es sich nicht um eine selbstsynchronisierende Schnittstelle handelt, also kein Synchronisationswort in den Audiodaten vorhanden ist, muss keine zusätzliche Wordclock-Leitung verwendet werden, da ein TDIF-Kabel wie beschrieben bereits Wordclock-Leitungen enthält. Es wird ein 25-Pin-SubD-Stecker verwendet.

Seit der Markteinführung hat sich das TDIF-Format weiterentwickelt. In der ersten Version TDIF 1 wurden von den 32 zur Verfügung stehenden Bit nur 16 Bit genutzt, die anderen 16 Bit jedes Kanals enthielten keine Informationen. Mit der Markteinführung des DA-38 wurde es nötig, wegen der nun vorhandenen 18 Bit beziehungsweise 20-Bit-Wandler Dithering zu ermöglichen, da die Wortbreite bei der Aufzeichnung weiterhin 16 Bit betrug. Im TDIF-Format 1.1 sind deshalb 24 der 32 Bit für Audiodaten reserviert (wovon bei DA-38, DA-88 und DA-98 nur 16 Bit genutzt wurden), währen die verbleibenden 8 Bit nun Status-Informationen über Dither ja/nein und andere wichtige Daten enthalten. Wegen dieser Erweiterung des TDIF-Formats kam es in der Vergangenheit zu Kompatibilitätsproblemen bei verschiedenen digitalen Mischpulten, auch einige Soundkarten mit TDIF-Schnittstellen hatten hiermit Schwierigkeiten und arbeiteten entweder nur mit DA-88 (TDIF 1) oder allen anderen Tascam-Modellen (TDIF 1.1 oder TDIF 2.0 bei den 24-Bit-Geräten).

Die maximale Übertragungsstrecke für TDIF-Signale hängt stark vom verwendeten Kabel ab. Die Originalkabel des Herstellers sind 1 m oder 5 m lang und haben eine sehr niedrige Kabelkapazität. Mit solchen speziellen Kabeln mit niedriger Kapazität ist eine maximale Übertragungsstrecke von 15 m möglich.

Das Problem, das hier wie bei allen nicht selbstsynchronisierenden Schnittstellen auftritt, ist die sehr unterschiedliche Frequenz der verschiedenen zu übertragenden Signale. Das Wordclock Signal hat Samplefrequenz (44,1 kHz, 48 kHz etc.), die zu übertragenden Audiosignale haben eine Frequenz im Bereich von mehreren MHz. Das Kabel stellt wegen seiner unvermeidlichen Kapazität und seines Widerstandes ein Filter dar, in dem unterschiedliche Frequenzen unterschiedlich gedämpft werden und verschiedene Laufzeiten haben. Je höher die Frequenz ist, um so größer werden auch Dämpfung und Verzögerung und damit die Laufzeit des Signals, es entsteht eine Phasenverschiebung zwischen Wordclock und Audiosignal. Wird diese Phasenverschiebung größer als die Hälfte eines Samples, „springt" der Empfänger zum nächsten Sample, ein digitaler Click wird hörbar.

4.2.4 Das ADAT-Optical-Interface

Seriell und optisch

Wie die TDIF-Schnittstelle ist auch das ADAT-Optical-Interface mit der Markeinführung eines 8-Spur-Digitalrecorders im Club der digitalen Audioformate erschienen.

Im Falle des ADAT-Interfaces der Firma Alesis handelt es sich um eine selbstsynchronisierende, serielle Schnittstelle, deren Daten mittels eines Lichtleiters übertragen werden. Am Ausgang eines Gerätes wird eine Leuchtdiode (LED) ein- bzw. ausgeschaltet, die Lichtimpulse werden im Lichtleiter übertragen und im Empfänger durch einen lichtempfindlichen Halbleiter (Fotozelle) wieder in elektrische Impulse umgewandelt. Beim ADAT-Format werden die gleichen Steckverbindungen verwendet, die auch in der HiFi-Technik eingesetzt werden, um SPDIF-Stereosignale zu übertragen. Die Steckverbindungen sind als EIAJ-Standard genormt (RC-5720) und werden nach ihrem Erfinder, der Firma Toshiba, auch TosLink genannt. Der Lichtleiter ist aus Kunststoff gefertigt und hat 1 mm Durchmesser. Da diese Kunststoff-Lichtleiter eine wesentlich größere Dämpfung des Lichtes bewirken als dies bei echten Glasfaserleitungen der Fall ist, können auch mit diesen optischen Verbindungen keine sehr langen Strecken überbrückt werden. Alesis selbst empfiehlt für sein ADAT-Format eine maximale Länge von 5 Metern und vertreibt 3 verschieden lange Leitungen, O1 (1 Meter), O2 (0,6 Meter) und O3 (5 Meter). Das Gerät M-20 lässt sich nach Angaben von Alesis für kritische Anwendungen so modifizieren, dass echte Glasfaserleitungen verwendet werden können. Diese sind dünner und benutzen andere Steckverbinder, weisen aber deutlich weniger Dämpfungsverluste auf und ermöglichen dadurch das Überbrücken von wesentlich größeren Entfernungen.

Das ADAT-Format kann 24 Bit Audiodaten enthalten, obwohl das Aufzeichnungsformat der ADAT-Recorder maximal 20 Bit vorsieht und ist, wie schon erwähnt, selbstsynchronisierend. Es wird also zusammen mit den Audiodaten eine Information übertragen, aus der der Empfänger den Takt des Senders ermitteln und sich zu diesem Takt synchronisieren kann.

4.2.5 Die neue Generation: FireWire und seine Audioanwendung mLan

Was mit MADI begann und mit dem ADAT-Optical-Interface fortgesetzt wurde, könnte mit IEEE 1394, genannt FireWire zu einem fast alle Anwender glücklich machenden Ende kommen: Eine Leitung, auf der seriell Videodaten, Audiodaten und MIDI-Daten in genügend großer Zahl gleichzeitig in beiden Richtungen übertragen werden können. Diese noch vor einiger Zeit als Fiktion eingestufte Wunschvorstellung lässt sich Dank moderner Computertechnologie heute verwirklichen und wird in naher Zukunft allgemein üblich sein.

Zunächst für Video

Das von Apple bereits 1995 entwickelte Interface wurde erstmals 1998 an Apple-G3-Computern eingesetzt, um Videodaten auf der digitalen Ebene von einer Kamera direkt in den Rechner zu übertragen. Die hohe Datenübertragungsrate von bis zu 400 Mbit/s machte es möglich. Zusammen mit der Übertragung der Videodaten war auch die Übertragung von digitalen Stereo-Audiodaten mit 44,1 kHz Samplingfrequenz vorgesehen. An ein Mehrkanal-Audioformat oder die Übertragung von MIDI-Daten wurde von Apple und den beteiligten Videofirmen wie Sony und JVC zunächst nicht gedacht. Der potenzielle Markt im Videobereich schien wesentlich größer, zunächst erhielten Kameras, Camcorder und Videorecorder einem FireWire-Anschluss, der von Sony übrigens iLink genannt wird.

Abbildung 35: FireWire-Logo

1999 begann die AES, sich im neu gegründeten IEEE-1394-Kommittee mit der Standardisierung eines Protokolls zu beschäftigen, das Mehrkanal-Audio und Timecode übertragen sollte.

Diese Entwicklung verlief parallel zu der Einführung des mLan-Protokolles der Firma Yamaha, das FireWire zur Übertragung von Mehrkanal-Audiodaten und MIDI vorsieht. Yamaha stellte das verwendete Format der Allgemeinheit zur Verfügung, um eine möglichst große Verbreitung und damit Kompatibilität zu anderen Herstellern zu erreichen, ähnlich wie Apple es mit IEEE-1394-FireWire getan hatte. Yamaha stellte bereits im Jahr 1996 einen ersten Entwurf seines „Audio and Music Protocol, V 0.32“ bei der AV Working Group der IEEE 1394 Trade Association vor.

In der ersten Yamaha-Vorführung einige Zeit später wurde eine 16-kanalige Version vorgeführt, die Audiodaten und MIDI-Daten eines Apple-G3-Computers, eines Digitalmischpultes O2R und eines S80 Synthesizers miteinander in Form eines Netzwerkes verband. Schon dies zeigte den Haupt-Unterschied zu allen bisherigen Interface-Formaten: Während die Stereoformate AES/EBU und SPDIF wie auch alle Mehrkanal-Formate wie TDIF oder ADAT Optical immer Punkt-zu-Punkt-Verbindungen darstellen, kann mLan viele Kanäle Audio- oder MIDI-Daten zu jedem beliebigen Gerät innerhalb eines Netzwerkes liefern. Auch ein Geschwindigkeitsvergleich lässt aufhorchen: Während zum Beispiel ein USB-1.1-Port eine Übertragungsrate von 12 Mbit/s erreicht, kann bei IEEE 1394 eine Übertragungsrate von 100, 200 oder 400 Mbit/s gewählt werden, die Schnittstelle ist damit bis zu 33 mal schneller. Bei USB werden Daten in Intervallen von 1 ms übertragen, bei IEEE 1394 FireWire kommt alle 125µs eine neue Nachricht an. Erst USB 2.0 erreicht ähnliche Werte.

Bei mLan handelt es sich zudem um ein so genanntes Peer-to-Peer-Netzwerk, dies bedeutet, dass alle angeschlossenen Geräte den gleichen Status haben und sich selbst managen. Es ist kein Computer zur Steuerung und Kontrolle der Kommunikation nötig.

Im mLan-Protokoll werden für die nötigen Steuerdaten und die Nutzdaten (Audio und MIDI) verschiedene Datenübertragungsarten verwendet. Für Nutzdaten stehen ca. 80 % der vorhandenen Bandbreite zur Verfügung. Dies erlaubt bei einer Datenrate von 200 Mbit/s die Übertragung von knapp 100 Audiokanälen mit 48 kHz Samplefrequenz. Der Datenmenge eines solchen Audiokanals entspricht etwa die Datenmenge von 8 MIDI-Bussen, also 128 MIDI-Kanälen. Bei einer Datenrate von 400 Mbit/s würden sich diese Werte verdoppeln, die allerdings nur auf eine Punkt-zu-Punkt Verbindung zwischen einem Sender und einem Empfänger zutreffen würden. In einem Netzwerk wird der Datenaufwand für Verteilung und Organisation größer, was die Anzahl der möglichen Audiokanäle bei einem Netz mit 400 Mbit/s auf etwa 50 schrumpfen lassen kann.

All diese Daten sind sehr viel versprechend und lassen hoffen, dass FireWire in Form von mLan oder einem anderen Protokoll, auf das sich möglichst viele Hersteller geeinigt haben, möglichst bald möglichst weit verbreitet ist! Einige Hersteller haben bereits Geräte mit mLan-Interfaces angekündigt oder vorgestellt, in nächster Zeit wird sich die Zahl sicherlich vergrößern.

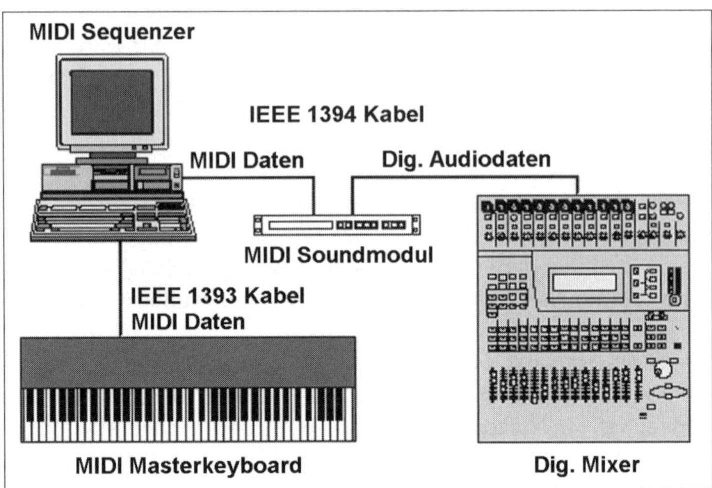

Abbildung 36: Mögliches mLan-Setup für ein MIDI-Studio

In der hier dargestellten Konfiguration könnten die im digitalen Mischpult bearbeiteten Daten über das mLan-Netz als Stereomix auch wieder in den Rechner zurück geschickt werden, um dort zum Beispiel auf eine CD-R aufgenommen zu werden.

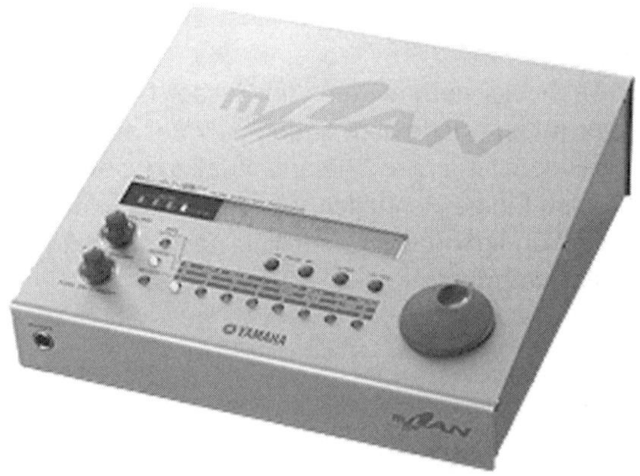

Abbildung 37: Ein mLan-Interface, das Audio und MIDI in das mLan-Protokoll umwandelt

4.2.6 Total digital: Das AES42-2001-Format für digitale Mikrofone

Bereits 1997 wurde eine Projektgruppe ins Leben gerufen, die sich mit der Erweiterung des AES3-Standards (das so genannte AES/EBU-Digital-Audio-Interface) für digitale Mikrofone beschäftigen sollte. Nach dem im Jahr 2001 verabschiedeten Standard werden die entsprechenden digitalen Mikrofone als AES3-Mikrofone (AES3-Mic) bezeichnet.

AEC3-MIC

Es sind zwei Arten von AES3-Mikrofonen beschrieben, die mit Mode1 und Mode2 bezeichnet werden. Mode1-Mikrofone benötigen keine externe Clock zur Synchronisation, Mode2 verwendet eine externe Clock.

Neuer Stecker

Um Verwechslungen mit Standard-XLR-Verbindungen und durch die im AES42 vorgesehene Versorgungsspannung hervorgerufene Schäden an normalen analogen Mikrofonen zu vermeiden, wurde als Steckverbindung ein so genannter XLD-Stecker beschrieben. In einem Meeting 2003 wurde allerdings festgestellt, dass bisher kein Hersteller XLD-Stecker auf den Markt gebracht hat. Es wird nach einer Alternative gesucht, die ebenfalls Verwechslungen ausschließt.

Als Datenformat für die digitalen Audiodaten wird AES3 verwendet. Da das AES3-Format wie bekannt zweikanalig ist, wird in den Channelstatus-Bits (siehe Kapitel 4.1) Single-Channel-Mode gemeldet (Mono), wenn nicht für ein Signal mit höherer Samplefrequenz beide Kanäle verwendet werden.

Modulierte Versorgungsspannung

Als Versorgungsspannung für das angeschlossene Mikrofon mit seiner eingebauten DSP-Elektronik sind 15 V vorgesehen. Dieser Versorgungsspannung werden Recheckimpulse mit einer Spannung von 2 Volt überlagert, die die Daten zur Fernbedienung der im Mikrofon eventuell enthaltenen Filter, Dynamikprozessoren und Verstärkerstufen enthalten. Die Rechteckimpulse werden als Impulspakete, so genannte Bursts, verschickt und können zum Zweck der Synchronisation in regelmäßigen Abständen wiederholt werden.

Die Fernbedienung des Mikrofons

Simple Remote

Im Standard vorgesehen sind drei Datenformate zur Übertragung von Fernbediendaten: Ein einfaches Protokoll, ein erweitertes Protokoll und ein Hersteller-spezifisches Protokoll. Im einfachen Protokoll sind die grundlegenden Fernbedienmöglichkeiten festgelegt, dies sind eine Steuerung eines Abschwächers (Pad), die Umschaltung der Richtcharakteristik des Mikrofons, Ein- und Ausschalten von drei möglichen Hochpass-Filtern, des Limiters und des Ausgangspegels und eine Verstärkungsregelung von 0 dB bis +63 dB in 1-dB-Schritten.

Extended Remote

Das erweiterte Fernbedienprotokoll enthält zusätzlich 31 Kommandos, von denen viele noch nicht festgelegt wurden und für zukünftige Anwendungen gedacht sind. Falls die Zahl der Befehle in der Zukunft nicht ausreichen sollte, kann sie durch Hinzunahme eines weiteren Adress-Bytes erweitert werden.

Hersteller-spezifische Remote

Herstellern von digitalen Mikrofonen ist freigestellt, über die in den beiden anderen Protokollen festgelegten Möglichkeiten hinaus weitere Features in ihr digitales Mikrofon einzubauen. Wie dies aussehen kann, ist in AES42-2001-Dokument nicht näher beschrieben.

Die Synchronisation der digitalen Audiodaten

Mode1-Betrieb

Ein Mode1-Mikrofon erzeugt seine Wordclock intern und ist deshalb nicht auf eine externe Taktung angewiesen. Dies bedeutet aber, dass die Signale mehrerer Mode1-Mikrofone nicht taktsynchron an den Digitaleingängen eines Mischpultes oder Aufzeichnungsgerätes ankommen und dort vor der Weiterverarbeitung zunächst synchronisiert werden müssen (siehe hierzu auch Kapitel 3.3).

Mode2-Betrieb

In Mode2-Mikrofonen ist ein Taktgenerator enthalten, der extern gesteuert werden kann, VCXO genannt. Dadurch können alle in einem Setup vorhandenen Mikrofone synchronisiert werden und liefern an den Eingängen des Empfänger taktsynchrone digitale Audiosignal an. Als Synchronisationsimpulse werden dazu die regelmäßig wiederholten Impulspakete der Fernbedienungsdaten auf der Versorgungsspannung benutzt.

Bidrektionale Kommunikation

Das Mikrofon kann ebenfalls zusätzlich zu den Audiodaten weitere Informationen senden. Dies können Kennungen sein, mit denen sich die Mikrofone als „Individuen“ beim Empfänger melden können, auch Statusinformationen sind möglich. Zur Übertragung vom Mikrofon zum Empfänger werden die im AES3 vorhandenen User-Bits benutzt (siehe auch Abschnitt 4.1.2).

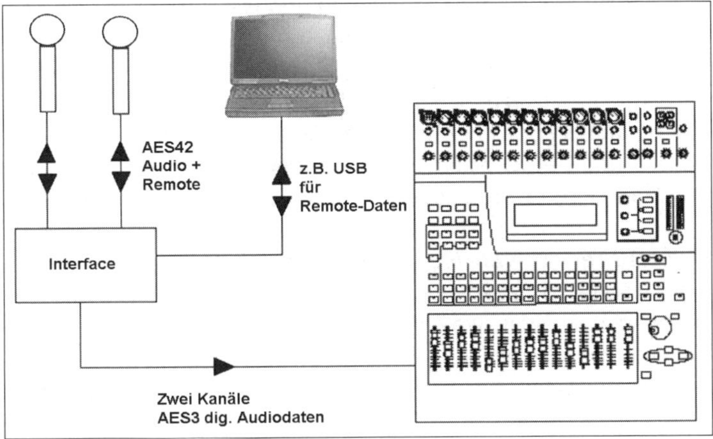

Abbildung 38: Eine mögliche AES42-Anwendung

Wie in 2.1 schon erwähnt, gibt es zur Zeit nur wenige Anbieter, die die Möglichkeiten des AES42-Standards nutzen. Stromversorgung und Fernbedienmöglichkeiten könnten zum Beispiel in digitale Mischpulte integriert sein, derzeit müssen Mikrofonhersteller noch mit Interfaces arbeiten, die einerseits die Stromversorgung der Mikrofone übernehmen und die Fernbediensignale eines externen Rechners auf das AES42-Format umsetzen und andererseits ein AES3-Audiosignal liefern, das an digitale Mischpulte angeschlossen wird. Es ist zu hoffen, dass sich dies sehr bald ändert, damit die Vorteile digitaler Mikrofone und des AES42-Formats möglichst vielen Anwendern zur Verfügung stehen.

4.3 Formate für Speicherung und Austausch von digitalen Audiodaten

Oft hört man den Satz „Früher war alles besser“. Wenn sich diese Aussage auf die Kompatibilität von Audioaufnahmen im analogen Zeitalter bezieht, muss man leider zustimmen. Eine 24-Spur Aufnahme auf eine analogen 2“-Band zum Beispiel war (bei richtiger Einstellung der Geräte) auf allen Maschinen aller Hersteller abspielbar. Programmaustausch war kein Problem. Mit dem Aufkommen der digitalen Audiotechnik begann die Babylonische Sprachverwirrung: Jeder Hersteller wählte sein eigens Speichermedium, Magnetband, magnetooptische Platten und Harddisk existieren seitdem in parallelen Audiowelten ohne Kompatibilität. Da die meisten der verwendeten Formate und Speichermedien entweder bereits Vergangenheit sind oder bald vom Markt verschwinden werden, soll hier nur auf ein Speichermedium eingegangen werden, das alle Eigenschaften hat, zu einem Standard-Tonträger zu werden, wie dies das Magnetband im analogen Audiozeitalter war: die Festplatte.

Bisher haben auch alle Hersteller von Festplatten-Audiogeräten jeweils eigene Formate benutzt, um digitale Audiodaten zu speichern, zudem gibt es leider zwei Computer-Plattformen, Apple und PC, deren unterschiedliche Festplatten-Formatierung einen direkten Austausch von Datenträgern normalerweise nicht erlaubt. Dennoch wurde in den letzten Jahren der Ruf nach einem Format immer lauter, das die seit Beginn des digitalen Audiozeitalters herrschende Sprachverwirrung beseitigt. Diesem Ruf ist die AES bereits 1997 mit der Gründung des AESSC (AES Standard Committee) „Working Group on Audio-File Transfer and Exchange“ nachgekommen. Eine gute Grundlage für die Entwicklung eines solchen Formates war eine erweiterte Form des weit verbreiteten WAV-Formats. Sowohl das von der AES erarbeitete und standardisierte AES31-Format als auch dessen Grundlage, das BWF (Broadcast Wave Format), werden später besprochen. Zunächst wollen wir uns jedoch das als Basis dienende WAV-Format etwas genauer ansehen.

4.3.1 Das WAV-Format, ein Teil von RIFF

Microsoft RIFF

Das WAVE-Fileformat ist Teil der von Microsoft entwickelten RIFF-Spezifikation, die neben Audiodaten eine Vielzahl anderer Daten enthalten kann. Die Spezifikation war ursprünglich als Datenformat für Multimedia-Anwendungen gedacht, ist aber so vielseitig, dass sich viele verschiedene Anwendungen realisieren lassen, die von anderen Programmen einfach ignoriert werden, wenn alle beteiligten Programmierer sich an die Spezifikationen gehalten haben.

Das RIFF-Format basiert auf der Verwendung von so genannten Chunks und Sub-Chunks, wörtlich übersetzt Klötzen. Man kann sich Chunks als Datenblöcke vorstellen, die Informationen zu einem bestimmten Thema enthalten, das vom Chunk-Typ abhängt. Ein File besteht immer aus einer Information über den Chunk-Typ (vier Buchstaben wie z.B. WAVE), gefolgt von einer Angabe über die Länge des Chunk, danach folgen die eigentlichen Daten, der Chunk-Inhalt. Ein komplettes Riff-File seinerseits ist ebenfalls ein Chunk, der alle anderen Chunks beinhaltet und seinerseits mit einem „Form-Type“ beginnt, der die Art der Files im Innern des Chunk spezifiziert. Detaillierte Informationen zum RIFF-Format finden sich in der Microsoft-Win32-Multimedia-API-Dokumentation, die als Help-File zu vielen Microsoft-Prorammiertools wie zum Beispiel dem C++-Compiler mitgeliefert wird.

WAVE

WAVE ist wie gesagt der Teil der RIFF-Spezifikation, in der die Speicherung von Audiodaten beschrieben wird. Ein WAV-File besteht aus zwei Chunks, dem fmt-Chunk, der Informationen wie Samplefrequenz und die Wortlänge enthält, und dem data-Chunk, der die digitalen Audiodaten enthält. Wie im RIFF-Format üblich, kann auch ein WAVE-File andere Chunk-Typen enthalten, dies könnte zum Beispiel ein LIST-Chunk sein, der Daten wie Produktionsdatum, Name des Autors etc. enthalten kann. Die Chunks können in beliebiger Reihenfolge aneinander gereiht sein.

Kompression?

Das WAVE-Format kann also eine sehr umfangreiche und komplexe Datenstruktur enthalten. Oft wird jedoch nur die Struktur mit zwei Chunks, dem fmt-Chunk und dem Datenchunk benutzt. Im fmt-Chunk wird mit dem FORMAT-Eintrag indiziert, welches Audio-Datenformat im data-Chunk folgt. Steht hier eine 1, handelt es sich um PCM-Daten, also unkomprimierte Audiodaten, eine andere Ziffer meldet die Verwendung eines bestimmten Datenreduktions-Verfahrens.

Keine Zeitinformation

Viele Workstations, Harddisk-Mehrspurrecorder und auch HD-Kompaktstudios benutzen das WAVE-Format oder können die aufgenommenen Audiodaten als WAVE-Files exportieren, so dass schon auf dieses Weise ein bedingter Austausch von Daten möglich ist. Das Hauptproblem dabei ist jedoch, dass die Audiofiles keinerlei zeitliche Zuordnung haben und nach dem Importieren in ein anderes System erst wieder an der zeitlich richtigen Stelle platziert werden müssen. Außerdem sind in WAVE-Format keine Daten vorgesehen, wie sie für Play-Listen, Edit-Listen und andere so genannte Metadaten benötigt werden. Da es sich zudem um die reine Beschreibung eines Datenfile-Formates handelt, fehlen natürlich auch Spezifikationen über die Art des Datenträgers, auf dem die Daten gespeichert sind. Dies wäre aber nötig, um einen Austausch von Datenträgern zu ermöglichen.

Aus diesen Gründen stellt das WAVE-Format lediglich die unterste Stufe der gewünschten Kompatibilität dar, was zur Weiterentwicklung des Formates zu BWF führte.

4.3.2 Das BWF oder Broadcast Wave Format

Im Jahr 1997 wurde das Format BWF, Version 0, von der EBU, der European Broadcast Union veröffentlicht. Es basiert auf dem WAVE-Fileformat und enthält den so genannten „Broadcast Audio Extension“-Chunk (siehe oben), um den Bedürfnissen im professionellen Audiobereich besser gerecht zu werden. Diese erste Version wurde überarbeitet, Version 1 wurde im Juli 2001 veröffentlicht.

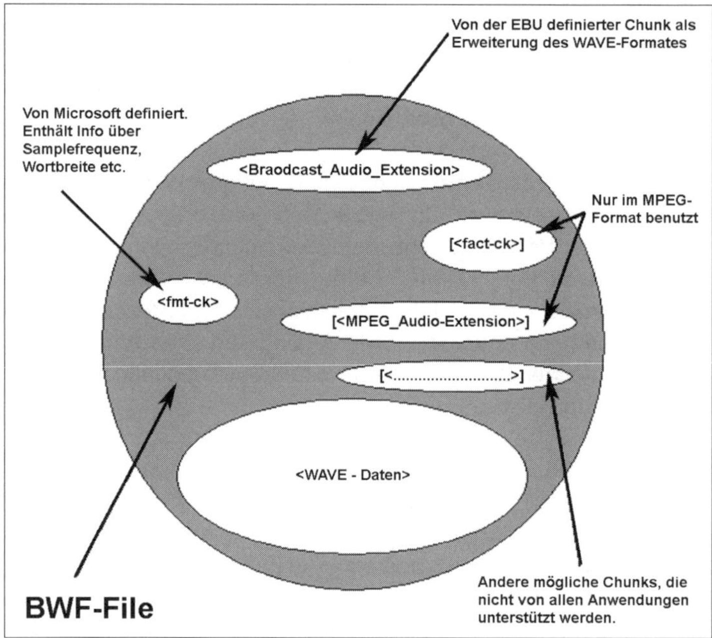

Abbildung 39: Die Struktur eines Broadcast Wave Files

In der Broadcast Audio Extension sind Daten enthalten, die zur Identifikation eines Files nötig sind. Hier ist zum Beispiel ein 256 Zeichen langer String als Beschreibung des Files erlaubt, der Urheber und das Produktionsdatum können genannt werden, vor allem aber ist eine Zeitreferenz vorgesehen, die eine spätere zeitliche Synchronisation der Audiodaten ermöglicht. Es werden Samples pro Sekunde gezählt, wobei die Samplefrequenz zugundegelegt wird, die im

<format chunk> (fmt-Chunk) hinterlegt ist. Der Timecode wird als 64-Bit-Wert gespeichert.

Das BWF-Format bietet also vieles, was beim WAVE-Format vermisst wurde, besonders der vorhandene Timecode sorgt für eine viel breiteren Anwendungsbereich. Viele Stand-Alone Harddiskrecorder wie Tascams MX-2424 oder HDR 24/96 von Mackie können deshalb im BWF aufnehmen oder Daten in diesem Format importieren und exportieren. Damit ist es beispielsweise möglich, einen Stand-Alone-Recorder für einen Mehrspur-Live-Mitschnitt zu benutzen und die Daten über eine geeignete Schnittstelle zur Nachbearbeitung in einen Computer zu übernehmen oder sogar die Festplatte mit den Datenfiles als Datenträger am Computer zu verwenden. Die zeitliche Zuordnung der Spuren zueinander bleibt erhalten, sie werden als Mono-Files mit Timestamp übertragen und müssen lediglich wieder auf die einzelnen Spuren verteilt werden. Dies ist bei Verwendung des WAVE-Formats nicht möglich, hier müssten alle Spuren der Mehrspuraufnahme gleichzeitig in Realtime in den Rechner eingespielt werden, was entsprechen viele analoge oder digitale Eingänge am Rechner voraussetzt und natürlich entsprechend lange dauert.

Auch diese Form der Kompatibilität jedoch ist nicht für alle Anwendungen ausreichend, eine erneute Weiterentwicklung stellt das Format AES31 dar.

4.3.3 AES31, der Hoffnungsschimmer am Horizont

Wie schon gesagt, hat sich die Audio Engineering Society, kurz AES, bereits vor einigen Jahren der Problematik der fehlenden Kompatibilität von Datenträgern und Fileformaten im digitalen Audiobereich angenommen. Das Ergebnis der Bemühungen einer Vielzahl von Experten verschiedener Hersteller ist der AES31-Standard, der aus vier Teilen besteht.

Teil 1

Teil 1 beschreibt den physikalischen Datentransport, also die Methode, mit der Daten von einem System zum Anderen transportiert werden können. Hier beschäftigt man sich mit der Möglichkeit von Wechselplatten und wird später auch den Datentransfer über Hochgeschwindigkeits-Netzwerke behandeln.

Teil 2

In Teil 2 wird das Audio-Fileformat behandelt. Im AES31-Standard wird das oben beschriebene Broadcast Wave Format (BWF) benutzt. Hier wird beschrieben, wie die File-Zusätze auf Wechselplatten angeordnet sein müssen und wie diese für die Übermittlung über ein Netzwerk zu packen sind.

Teil 3

Teil 3 beschreibt eine einfache Projektstruktur, die mehrkanalige Audioprojekte unterstützt und in der die zusätzlich zu den Audiodaten nötigen Informationen über Audioschnitte, Überblendungen, Pegeländerungen und andere wichtige Metadaten angeordnet sein sollen. Diese Audio Decision List (ADL) erlaubt eine Sample-genaue Weitergabe solcher Daten.

Teil 4

In Teil 4 wird eine wesentlich komplexere, Objekt-orientierte Projektstruktur entworfen, die weit mehr Möglichkeiten der Parametersteuerung bietet. Zur Diskussion stand die Verwendung des OMF-Formats (Open Media Framework) oder des Advanced Authoring Formats (AAF). OMF stellte sich als nicht geeignet heraus und wurde als Vorschlag zurückgezogen, so dass zur Zeit über eine Kombination aus OMF und AAF beraten wird. Da in AES-Komitees sozusagen nebenamtlich herausragende Experten von Herstellern vertreten sind und die Gelegenheit zu gemeinsamer Arbeit sich deshalb in der Hauptsache auf die Treffen während der halbjährlichen AES-Conventions beschränkt (1 x USA, 1 x Europa pro Jahr), kann es noch einige Zeit dauern, bis hier eine Lösung gefunden ist.

Bisher sind die Teile 1 und 3 als Standards veröffentlicht, Teil 2 ist (Stand 8-2003) gerade in Arbeit.

Das Ziel der Entwicklung des AES31-Formats war – neben der reinen File-Kompatibilität des Broadcast Wave Formates – eine einheitliche Festlegung für austauschbare Datenträger, in den meisten Fällen Festplatten, zu finden. Zusätzlich musste ein möglichst einfaches und universelles, „von Menschen lesbares“ Format für die Metadaten erdacht werden, in denen nach einem Editieren der Audiodaten Informationen wie die In- und Outpunkte von Schnitten gespeichert sind. Diese Daten sollten mit Samplegenauigkeit weitergegeben werden können.

Datenträger-Kompatibilität

Da es sich bei den verwendeten Datenträgern in der Mehrheit um Festplatten in Wechselrahmen handelt, beschäftigte man sich zunächst mit dem Transport der Daten durch Austausch dieses Mediums. Eine Normung des Datentransports über Hochgeschwindigkeits-Netzwerke ist für eine spätere Erweiterung von Teil 1 des AES31 Standards vorgesehen.

FAT32

Die Wahl fiel auf das Festplattenformat FAT32, einer Version des Microsoft FAT (File Allocation Table)-Formates, das Festplatten bis zu 2 Terabyte unterstützt und durch kleinere Cluster den auf der Festplatte vorhandenen Speicherplatz besser ausnutzt als seine Vorgänger. FAT32 kann neben Windows-Rechnern auch auf der Mac-Plattform und unter Unix benutzt werden und bietet deshalb eine breite Hardware-Basis für den physikalischen Austausch von Daten. Natürlich gibt es viele Stimmen, die das modernere, ursprünglich von Microsoft für das Betriebssystem Windows NT entwickelte NTFS-Format bevorzugt hätten, FAT32 stellte aber im Sinne einer universellen Plattform wohl den kleinsten gemeinsamen Nenner dar.

Dem steht entgegen, dass zum Beispiel Digidesign für sein sehr weit verbreitetes Pro-Tools-System auf Mac-Basis keinen großen Bedarf seiner Kunden nach einer solchen Austauschmöglichkeit sieht, solange nicht alle Session-Daten inklusive der Daten für Mischpultautomation etc. von Fremdsystemen oder auf Pro Tools übernommen werden können. Dies erfordert aber eine Verabschiedung von Teil 4 des AES31-Standards. So lange Teil 4 nicht existiert, hat deshalb eine Anpassung von Mac-Software für das Lesen von FAT32-Festplatten bei verschiedenen Herstellern keine sehr hohe Priorität.

Da die meisten Systeme BWF unterstützen und es einige Plattformübergreifende Speichermedien wie zum Beispiel ZIP-Drives gibt, findet ein Austausch von reinen Audiodaten inklusive Timestamp sowieso bereits statt.

Audio Decision List

Ähnlich verhält es sich mit der Akzeptanz des wie Teil 1 bereits veröffentlichten Teils 3. Es wurde eine einfache Editliste standardisiert, Audio Decision List (ADL) genannt, die als Textfile verschiedene Metadaten enthält. So sind zum Beispiel für Ausblendungen 5 Pegelwerte innerhalb der Ausblendzeit vorgesehen. Haupt-Kritikpunkte an der relativ einfachen Struktur dieser ADL sind, dass nur Audiodaten und keine Videobearbeitung berücksichtigt wurde und dass Mischpult-Automationsdaten wie zum Beispiel Änderung der Equalizereinstellung, Panoramaregelung usw. fehlen. Die bereits seit Jahren existierenden und bewährten Formate AAF und das darauf basierende OMF (Open Media Framework) bieten alle Möglichkeiten, die in Teil 3 des AES31-Standards vorgesehen sind und darüber hinaus Vieles, was in Teil 4 erst noch festgelegt werden soll. Auch hier hat deshalb die Unterstützung des AES31 Standards bei wichtigen Herstellern keine sehr hohe Priorität.

In der Diskussion ist auch noch die Unterstützung eines Mehrkanal-Formates im AES31-Standard. Da BWF bisher ursprünglich nur Mono- und Stereofiles vorsieht, besteht ein AES31-Mehrspur-File einfach aus mehreren Mono-Files. Verschiedene Hersteller haben jedoch inzwischen eigene Möglichkeiten gefunden, Broadcast Wave Files zu schachten und als ein einziges Mehrspur-File zu speichern. Der Hersteller Fostex beispielsweise liefert ein kostenloses PC-Programm, mit dem solche auf dem DV40 DVD-RAM Recorder aufgenommene Mehrspurfiles wieder in einzelne Mono-Files mit Timestamp zerlegt werden können. Diese Möglichkeit ist bisher im AES31-Format nicht vorgesehen, viele Anwender würden aber gerne ihre Aufnahmen am Ende einer Produktion als Mehrspur-Files archivieren.

Es ist nicht Gold...

Zweifellos ist der Versuch einer Standardisierung aller in AES31 angeführten Aspekte eine sehr große Aufgabe, zumal eine Organisation wie die AES sich wegen ihrer Strukturen offensichtlich langsamer bewegen muss, als dies der technologische Fortschritt kann. So wird abzuwarten sein, ob neue technische Entwicklungen nicht immer wieder Wünsche von Anwenderseite aufkommen lassen, die im Standard noch nicht vorhanden sind. So sind zum Beispiel hohe Sampleraten wie z.B. 192 kHz oder ein DSD-Bitstream noch nicht erfasst.

Mit diesem Ausflug in die zum Teil recht komplexen Zusammenhänge der Funktion digitaler Audiotechnik haben Sie die wichtigsten Begriffe kennen gelernt. Mit diesem Wissen ist es leichter, in der Praxis auftretende Phänomene richtig zu deuten und an der richtigen Stelle nach Lösungen zu suchen, falls Probleme auftreten. Der nächste Teil des Buches ist der Praxis gewidmet. Hier wird über den Aufbau eines digitalen Studios ebenso gesprochen wie über den richtigen Umgang mit digitalen Audiodaten.

5. Taktsynchronisation in der Praxis

5.1 Das Prinzip der Clock-Synchronisation oder: „Es kann nur einen geben!“

Bereits im Kapitel 3.3 und im Kapitel 4 über digitale Schnittstellen wurde erläutert, dass digitale Signale nur dann richtig interpretiert werden können, wenn der Empfänger erkennen kann, wo ein digitales Wort beginnt und wenn sein Systemtakt mit dem des Senders übereinstimmt. Letzteres ist nicht selbstverständlich. Auch wenn die Taktfrequenz von zwei Geräten übereinstimmt und zum Beispiel 44,1 kHz beträgt, bedeutet dies nur, dass 44100 Taktzyklen pro Sekunde durchlaufen werden. Wie jede Uhr, so kann aber auch der Taktgenerator elektronischer Geräte vor- oder nachgehen. Das heißt, eine Sekunde ist in einem Gerät kürzer oder dauert länger als in einem anderen. Die gleiche Taktfrequenz ist also nur eine Bedingung zum Funktionieren eines digitalen Audiosystems, zusätzlich müssen auch die „internen Uhren“ aller beteiligten Geräte synchronisiert werden, damit eine Zeiteinheit bei allen Beteiligten gleich lange dauert.

Diese Form der Synchronisation darf nicht mit der zeitlichen Synchronisation von Audiodaten untereinander, der Synchronisation zwischen Audio und Video oder der Synchronisation zwischen Audio und einem MIDI-Sequenzer verwechselt werden. Es geht hier nicht darum, musikalische oder andere Inhalte miteinander zu synchronisieren, wie dies zum Beispiel geschieht, wenn ein Schlagzeug zu anderen Instrumenten oder ein gesprochener Kommentar zu einer Bildsequenz synchron aufgenommen oder wiedergegeben werden soll. Vielmehr ist das Ziel der Taktsynchronisation digital arbeitender Geräte untereinander, wie oben erklärt, die Taktfrequenz und den „Taktanfang“ aller beteiligten Geräte zu koordinieren.

Master und Slave

Dazu wird immer ein Gerät oder ein externer Taktgenerator als Referenztakt verwendet. Dieses Gerät wird als Master bezeichnet. Alle anderen Geräte im Verbund synchronisieren ihren Takt zu diesem Master-Takt und werden als Slaves betrieben.

PLL

Eine elektronische Schaltung in jedem Gerät, die so genannte PLL (Phase Locked Loop) erledigt die Aufgabe, den Geräte-internen Takt mit dem externen Takt des Masters zu vergleichen und zu synchronisieren. Es ist nicht wichtig, zu wissen, wie diese Schaltung funktioniert. Wichtig ist jedoch, dass jede solche Schaltung einen Kompromiss darstellt: Entweder eine hohe Reaktionsgeschwindigkeit auf Schwankungen des externen Taktes zu erreichen und damit ein sehr „nervöses" Verhalten zu zeigen oder aber langsamer zu reagieren und einen „ruhigeren" Takt zu liefern.

Jitter-Unterdrückung

Die wenig technische Beschreibung „nervös" und „ruhig" ist in diesem Fall gleichbedeutend mit der Erzeugung von mehr oder weniger Clock-Jitter im generierten Takt, dessen negative Auswirkungen auf die Audioqualität bereits beschrieben wurde. Eine PLL mit langsamer Reaktionszeit kann auch dazu dienen, im externen Signal vorhandenen Clock-Jitter zu unterdrücken, indem schnelle Schwankungen nicht weitergegeben werden.

Augenfällig wirkt sich die Reaktionszeit einer PLL zum Beispiel auch darauf aus, wie lange ein aufnehmendes System oder Gerät braucht, bis es sich nach einem Record-Befehl zum Mastertakt synchronisiert hat und dann tatsächlich die ersten Audiosignale aufzeichnet. Diese recht verschiedenen Verzögerungszeiten kann man bei DAT-Recordern unterschiedlicher Hersteller beobachten, deren Lockzeiten je nach Design-Philosophie der PLL variieren.

Grundsätzlich gibt es zwei Methoden, den Systemtakt des Masters auf alle angeschlossenen Slaves zu übertragen:

Die Taktinformation kann entweder als Teil des Nutzsignals mit übertragen werden. Digitale Schnittstellen, die mit dieser Methode arbeiten, werden als selbstsynchronisierende Schnittstellen bezeichnet.

Bei der zweiten Synchronisationsmethode wird der Takt getrennt vom Nutzsignal über zusätzliche Leitungen geführt. Oft werden solche Schnittstellen als extern getaktete Schnittstellen bezeichnet.

Diese beiden Methoden werden von unterschiedlichen digitalen Audioschnittstellen benutzt, die mit diesen beiden Synchronisationsmethoden verbundenen Vor- und Nachteile werden im folgenden Abschnitt erläutert.

5.2 Die selbstsynchronisierenden Schnittstellen

Bei so genannten selbstsynchronisierenden Schnittstellen wird zur Synchronisation der Anfang eines neuen Datenwortes im digitalen Nutzsignal mit einem Sync-Pattern markiert (siehe dazu Kapitel 4, digitale Schnittstellen). Anhand dieser Markierung kann der Empfänger des Signals sowohl den Anfang eines neuen Audiowortes erkennen als auch die Taktgeschwindigkeit der Quelle rekonstruieren und seinen eigenen internen Takt auf diese Geschwindigkeit einstellen. Die bekanntesten Schnittstellen dieser Art sind die zweikanaligen Schnittstellen AES/EBU und SPDIF sowie die Mehrkanalschnittstelle im ADAT-Optical-Format.

Solange nur zwei Geräte miteinander verbunden werden müssen, sollten kaum Synchronisationsprobleme auftauchen. Ein Gerät ist Master, das andere Slave, es herrscht eine klare Hierarchie. Diese einfache Konstellation ist mit allen Geräten mit digitale Schnittstellen möglich, ein Gerät dient als Quelle für die digitalen Signale, das andere empfängt die Signale. Wenn es eine Aufnahmemöglichkeit besitzt, wird es sich im Record-Mode automatisch als Slave zum Eingangssignal verhalten, ohne dass eine besondere Einstellung gewählt werden muss. Als Beispiel könnte z.B. ein CD-Player mit Digitalausgang als Quelle dienen, das Signal wird auf einen DAT-Recorder oder einem CD-Recorder aufgezeichnet.

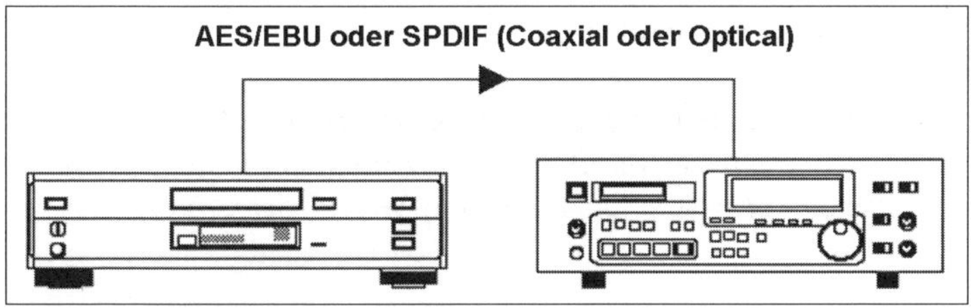

Abbildung 40: Digitale Überspielung CD auf DAT

Man sollte nun meinen, dass in einem solchen Setup keine Schwierigkeiten zu erwarten seien. Da aber bei selbstsynchronisierenden Schnittstellen das Taktsignal aus dem Audiosignal gewonnen werden muss, werden einige Anforderungen an die Qualität des ankommenden Signals und damit auch an die Übertragungsstrecke gestellt. Durch ein zu langes oder ungeeignetes Kabel zum Beispiel kann die Flankensteilheit des beim Empfänger ankommenden Signals so schlecht sein, dass eine Takt-Rückgewinnung nicht mehr möglich ist. Ebenso kann eine hohe Kabelkapazität das Signal soweit dämpfen, dass ein zuverlässiger Betrieb ausgeschlossen ist. Die technischen Spezifikationen für ein AES/EBU-Signal legen fest, wie schräg die ansteigende und abfallende Flanke des gesendeten Signals sein darf. Einige Geräte geben das Signal an ihren Ausgängen bereits mit schrägeren Flanken aus. Wenn hohe Kabelkapazitäten die Flanken nun weiter abschrägen, ist das Signal nach mehreren Metern bereits nicht mehr lesbar, auch ein hoher Jitter kann so entstehen. Dies kann in einigen Fällen erklären, warum ein bestimmtes Gerät mit einem langen Kabel noch einwandfrei funktioniert, während ein anderes bereits mit einem kürzeren Kabel kein brauchbares Signal mehr liefert.

Kabelqualität

Obwohl dies unwahrscheinlich klingt, können solche Probleme auch bei optischen Verbindung auftreten. Preiswerte Kunststoff-Lichtleiter haben einen relativ hohen Dämpfungsfaktor und erzeugen bei entsprechender Länge oft nicht unerheblichen Jitter. Dieser kann zu klanglichen Einbußen und im Extremfall auch zum Nicht-Funktionieren der Übertragung führen.

Lichtleiter

Weitaus schwieriger wird die Situation, wenn mehr als zwei Geräte beteiligt sind. Als Beispiel soll hier der einfache Fall dienen, in dem die Signale von zwei CD-Playern als Quellen gemischt und auf einen DAT-Recorder als drittem Gerät aufgezeichnet werden sollen. Hier könnte als Aufzeichnungsgerät ebenso ein CD-Recorder oder ein MiniDisk-Recorder eingesetzt werden.

Was in der analogen Welt ohne Probleme möglich ist, wird bei einem digitalen System zum Problem. Das in Abbildung 41 gezeigte Setup ist in dieser Form nicht funktionsfähig. Was ist der Grund?

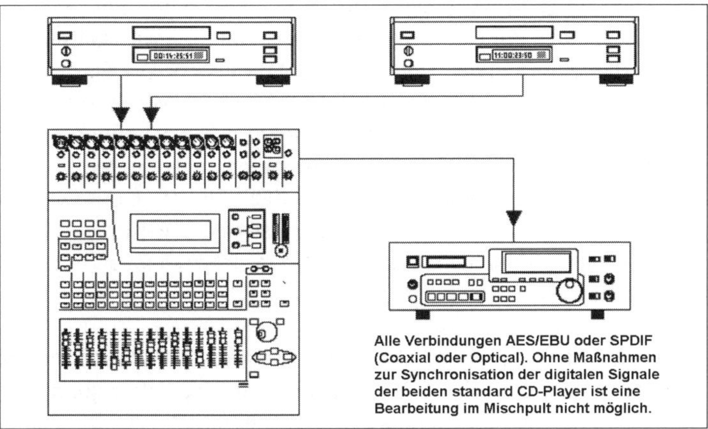

Alle Verbindungen AES/EBU oder SPDIF
(Coaxial oder Optical). Ohne Maßnahmen
zur Synchronisation der digitalen Signale
der beiden standard CD-Player ist eine
Bearbeitung im Mischpult nicht möglich.

Abbildung 41: Zwei CD-Player, Mischpult und DAT-Recorder

Das Prinzip „Es kann nur einen geben“ macht eine der in der folgenden Tabelle aufgeführten Konfigurationen nötig:

Master	Slaves	
CD-Player 1	CD-Player 2 Dig. Mischpult DAT-Recorder	Nicht möglich, da CD-Player 2 nicht als Slave synchronisierbar ist. Mischpult und DAT könnten als Slaves arbeiten.
CD-Player 2	CD-Player 1 Dig. Mischpult DAT-Recorder	Nicht möglich, da CD-Player 1 nicht als Slave synchronisierbar ist. Mischpult und DAT könnten als Slaves arbeiten.
Mischpult	CD-Player 1 CD-Player 2 DAT-Recorder	Nicht möglich, da die beiden CD-Player nicht als Slave synchronisierbar sind. Nur der DAT-Recorder kann als Slave arbeiten, da er sich im Rec-Mode auf das am Eingang anliegende digitale Signal synchronisiert.
DAT-Recorder	CD-Player 1 CD-Player 2 Mischpult	Nicht möglich, da die beiden CD-Player nicht als Slave syncronisierbar sind. Außerdem kann der DAT-Recorder im Rec-Modus nicht als Master fungieren.

Da Standard-CD-Player nicht Takt-synchronisierbar sind, war im vorigen Beispiel der CD-Player Master, der aufnehmende DAT-Recorder Slave. Im zweiten Beispiel (Bild 41) müssten die Signale der beiden CD-Player synchronisiert werden, um im Mischpult digital weiterverarbeitet zu werden. Dies könnte dadurch geschehen, dass beide CD-Player als Slaves zu einem gemeinsamen Master-Takt betrieben werden, was aber bei Standard CD-Playern nicht möglich ist. Wie die obige Tabelle zeigt, gibt es deshalb keine Konfiguration, in der ein Gerät Master ist und alle anderen sich zu dessen Takt synchronisieren können.

Samplerate-Konverter

Abhilfe schafft in einem solchen Setup neben der Verwendung der analogen Ausgänge der CD-Player nur der Einsatz so genannter Samplerate-Konverter, die als Zusatzgeräte erhältlich oder (leider nur in sehr teuren) digitalen Mischpulten in einigen oder allen digitalen Eingängen bereits vorhanden sind. Die Funktionsweise solcher Geräte ist in 4.3.1 näher beschrieben, allerdings würde im Falle unseres Beispieles die Samplerate nicht konvertiert. Vielmehr würde der Takt des Mischpultes als Mastertakt verwendet und dem Samplerate-Konverter zugeführt, der dann die beiden Signale der CD-Player an seinen Ausgängen synchron zu diesem Mastertakt wieder ausgibt. Auf diese Weise erhält das Mischpult Signale, die zu seinem eigenen Takt synchron sind und deshalb problemlos weiterverarbeitet werden können.

Masterclock

Eine zweite Konfiguration wäre möglich: Der Samplerate-Konverter könnte auch mit seiner internen Clock arbeiten und damit als Master-Taktgeber für das Mischpult und den angeschlossenen DAT-Recorder dienen. Die Wordclock-Verbindung zwischen Mischpult und Konverter könnte entfallen, das Mischpult würde auf einen der beiden digitalen Eingänge getaktet. Von dieser Konfiguration ist jedoch abzuraten, da sie eine Kette von als Slaves konfigurierten Geräte schaffen würde (Mischpult = Slave zum Samplerate-Konverter, DAT Recorder = Slave zum Mischpult). In einer solchen Kette von Slaves erhöht sich durch die oben besprochene PLL-Schaltung der Jitter im Digitalsignal von Gerät zu Gerät, was zu einer Klangverschlechterung bis hin zu digitalen Störungen führen kann. In komplexeren Systemen ist eine sternförmige Signalführung, bei der alle Slaves von einem zentralen Master getaktet werden, deshalb immer vorzuziehen.

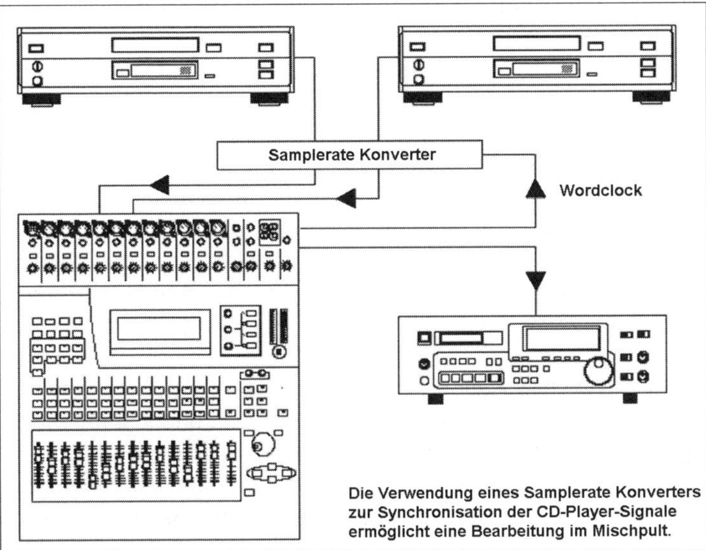

Samplerate Konverter
Wordclock
Die Verwendung eines Samplerate Konverters
zur Synchronisation der CD-Player-Signale
ermöglicht eine Bearbeitung im Mischpult.

Abbildung 42: Ein Samplerate-Konverter als Problemlöser

Durch die Verwendung des Samplerate-Konverters in der obigen Konfiguration wäre es auch möglich, die Audiodaten im Mischpult mit 48 kHz Samplingfrequenz zu bearbeiten und mit dieser Samplefrequenz auf dem DAT-Recorder aufzunehmen. Dazu müsste lediglich der interne Takt des Mischpultes auf 48 kHz umgeschaltet werden. Der Samplerate-Konverter würde dann als Wordclock-Slave des Mischpultes die von den CD-Playern kommenden 44,1 kHz Signale nach 48 kHz konvertieren und mit dieser Samplingfrequenz synchron zum Mischpulttakt ausgeben. Der DAT-Recorder synchronisiert sich im Aufnahme-Modus zu den an seinem Digitaleingang anliegenden Audiodaten und zeichnet mit 48 kHz Samplefrequenz auf.

Leider ist das Konvertieren der Samplingfrequenz immer mit einer geringfügigen Verschlechterung der Audioqualität verbunden, die allerdings bei guten Konvertern meistens vernachlässigt werden kann.

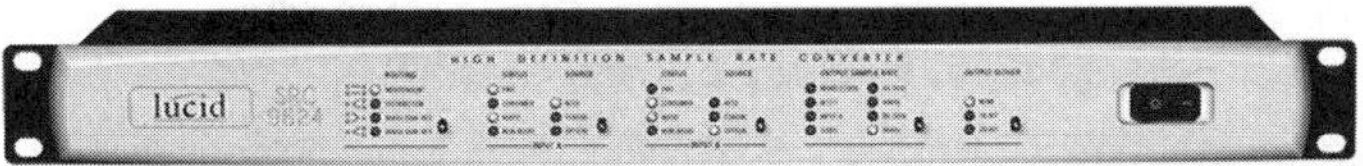

Abbildung 43: Ein professioneller Samplerate Konverter, SRC 9624 von Lucid

Ein Mehrspurrecorder mit selbstsynchronisierender Schnittstelle

ADAT-Format

Wenn Mehrspur-Recorder eine selbstsynchronisierende Schnittstelle verwenden, handelt es sich meistens um eine Schnittstelle im ADAT Optical-Format. Dieses weit verbreitete Format findet man an allen Mehrspurrecordern der Hersteller Alesis und Fostex, viele andere Hersteller bieten dieses Schnittstellenformat als Option in Form von Steckkarten für ihre Geräte an (z.B. IF-AN2424 für den Tascam HD-Recorder MX-2424), auch bei vielen Audiointerfaces und Steckkarten für PCs und Macintosh-Computer ist diese Schnittstelle zu finden.

Die Taktsynchronisation von digitalen Mehrspurrecordern mit selbst-synchronisierenden Schnittstellen entspricht dem Prinzip des oben über die zweikanaligen Schnittstellen AES/EBU und SPDIF Gesagten, da alle Spuren eines Mehrspur-Recorders intern synchronisiert werden und deshalb untereinander samplegenau parallel laufen.

Im unten gezeigten Setup kann der Mehrspurrecorder als Master konfiguriert sein, im Sync-Setup des Mischpult wird der Mehrspureingang (Tape Return) als Synchronisationsquelle angewählt. Der Nachteil dieser Konfiguration ist wie zu Bild 42 bereits gesagt, dass eine Kette von Slaves entsteht (Mischpult = Slave zum Mehrspurrecorder, DAT Recorder = Slave zum Mischpult) und sich dadurch unter Umständen je nach Design der geräteinternen PLL der Jitter im Audiosignal erhöht.

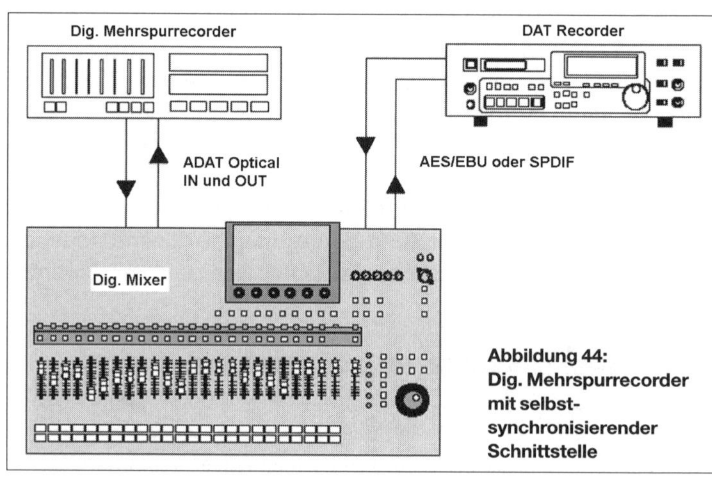

Abbildung 44: Dig. Mehrspurrecorder mit selbst-synchronisierender Schnittstelle

Schwierig wird es in der Konfiguration „Mehrspur als Master“ auch dann, wenn die auf dem DAT-Recorder aufgenommenen Signale wieder über das Mischpult abgehört werden sollen. Wenn der DAT-Recorder nicht extern synchronisierbar ist, d.h. über einen Sync-Eingang für Wordclock oder Videosignale verfügt, läuft er nur im Record-Mode als Slave zu dem an seinem Eingang anliegenden digitalen Signal. Im Play-Mode schaltet er automatisch auf interne Synchronisation um, muss also Master sein. Da aber nun ein zweiter Master im System vorhanden ist, kommt es zu Störungen, für diesen Arbeitsschritt muss die Konfiguration des Setups also geändert werden:

Der (nicht extern synchronisierbare) DAT-Recorder wird Master, das Mischpult muss sich als Slave auf das AES/EBU- oder SPDIF-Signal des DAT-Recorders synchronisieren.

Auch wenn die Mehrspurmaschine nicht mehr als Quelle benötigt wird, muss sie entweder abgeschaltet oder ebenfalls so eingestellt werden, dass sie sich auf die digitalen Signale an ihrem Eingang synchronisiert, da ihr digitaler Ausgang auch im Stop-Mode einen so genannten Leerrahmen abgibt, sozusagen ein Audiosignal ohne Inhalt, das aber die Taktinformation enthält. Dieses Signal würde Störungen dadurch verursachen, dass es nicht synchron zum Takt des Mischpultes an dessen Mehrspureingang anliegen würde.

Auch in diesem Setup wäre es also vorteilhaft, das Mischpult als zentralen Taktgeber verwenden zu können, der alle angeschlossenen Geräte synchronisiert.

Achten Sie im Einzelfall deshalb darauf, ob die Geräte Ihrer Wahl Eingänge für die externe Synchronisation mittels Wordclock oder Videotakt haben. Im obigen Setup wäre dies zunächst nicht unbedingt nötig, wenn man ein umständliches Ändern des Sync-Setups für verschiedene Arbeitsschritte in Kauf nimmt. Oft wird es jedoch nötig, das gesamte Setup von einem zentralen Taktgeber aus zu synchronisieren, um Störungen zu vermeiden. In den meisten Konfigurationen wird dieser zentrale Takt vom Mischpult kommen, alle angeschlossenen Geräte müssen dann als Slaves zu externen Signalen betrieben werden können.

Bei einigen Mehrspurrecordern, auch bei Harddisk-Mehrspurmaschinen, ist diese Möglichkeit nur nach Zukauf von optionalen Synchronizerkarten oder externen Zusatzgeräten gegeben. Diese Zusatzinvestition wird in einem solchen Fall früher oder später auf Sie zukommen, sie sollte bei der Finanzplanung deshalb besser von Anfang an vorgesehen werden.

Mehrere Mehrspurrecorder mit selbstsynchronisierender Schnittstelle

Ein Setup mit mehreren Mehrspurrecordern ist in Bild 45 gezeigt. Eine solche Konfiguration sollte prinzipiell ebenso funktionieren wie die im vorigen Abschnitt dargestellte. Wie fast immer steckt der Teufel aber im Detail.

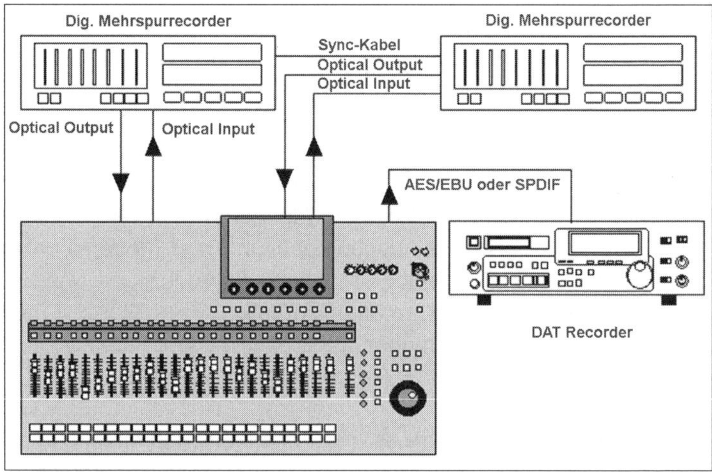

Abbildung 45: Zwei Mehrspur-Recorder und ein Master-DAT

Die Synchronität zwischen den Mehrspurrecordern

Die Mehrspurgeräte sind über ein zusätzlichen Kabel untereinander synchronisiert, ihre Takte laufen dadurch mit Samplegenauigkeit parallel. Was bedeutet dies? Wenn in der analogen Welt zwei Bandmaschinen mittels eines Synchronizers synchronisiert wurden, schwankten die Geschwindigkeiten der beiden Maschinen je nach Qualität von Laufwerken und Synchronizer mehr oder weniger. Dies führte zu der Regel, nie zwei gleiche Signale oder die beiden Hälften eines Stereosignals auf je eine Spur der beiden Maschinen zu verteilen. Ein unschönes Phasing wäre die Folge gewesen, da die Phasenlage der Signale sich durch das Schwanken der Geschwindigkeit ständig veränderte und sich dadurch unterschiedliche Audiofrequenzen gegenseitig abschwächten oder verstärkten.

Kein Phasing...

Zu diesem Thema gibt es in Bezug auf die digitale Audiowelt zwei Nachrichten, hier zunächst die gute: Dieses Problem besteht bei synchronisierten Digitalrecordern nicht mehr. Da die Audiobearbeitung nicht kontinuierlich, sondern immer im gemeinsamen Takt erfolgt, gibt es keine Geschwindigkeitsunterschiede und damit keine sich ständig ändernde Phasenlage mehr, ungewolltes Phasing bleibt dafür vorgesehenen Effektgeräten vorbehalten.

Da aber nichts zu 100 % gut ist, folgt nun die schlechte Nachricht: Zunächst muss geklärt werden, was „samplegenaue Synchronisation" bedeutet. Bei einer Samplefrequenz von 44,1 kHz ist ein Sample 1/44.100 Sekunden lang, dies sind 22,6 µs. Die synchronisierten Recorder können an einem beliebigen Punkt innerhalb dieser Zeitspanne locken (einrasten) und dann parallel laufen. Es entsteht kein Phasing, da nach dem Einrasten keine Veränderung der Phasenlage mehr stattfindet.

...aber eine Klangveränderung

Betrachten wir nun ein Signal von 15 kHz. Eine Periode dieses Signals dauert 66,6 µs, dies entspricht einem Phasenwinkel von 360°. Mit einem Dreisatz lässt sich nun leicht ausrechnen, dass der maximal mögliche Zeitversatz von etwas weniger als einem Sample = 22,6 µs für dieses 15-kHz-Signal einer Phasenverschiebung von ca. 120° entspricht.

Bei gleichen Signalen auf den beiden synchronisierten Recordern führt diese Phasenverschiebung durch Auslöschung oder Addition von Signalen zu Klangverfärbungen, die sich nach jedem Lock-Vorgang anders anhören können, da die Geräte immer an einer anderen zeitlichen Position innerhalb eines Samples einrasten. Bei weitem nicht so störend wie das bei synchronisierten analogen Geräten auftretende Phasing sind diese subtilen Klangveränderungen dennoch störend hörbar. Auch bei digitalen Maschinen gilt deshalb – und dies ist nun die schlechte Nachricht, dass gleiche Signale oder Stereosignale immer auf einer Maschine aufgenommen werden sollten.

Computer mit Sequenzer, Mehrspurrecorder mit selbstsynchronisierender Schnittstelle

Im nächsten Setup soll ein Computer mit eingebunden werden, auf dem ein Sequenzerprogramm läuft. Der Computer verfügt über eine Soundkarte mit MIDI-Ein- und Ausgang. Als Tonerzeuger wird ein externer MIDI-Expander verwendet, der analoge Ausgänge besitzt.

Die Clock-Verhältnisse unterscheiden sich nicht von denen im vorigen Setup. Die digitale Mehrspur-Maschine ist Clock-Master, das Mischpult wird so eingestellt, dass es sich auf den digitalen Mehrspureingang taktet. Der Mehrspurrecorder gibt zusätzlich MIDI-Timecode ab, zu dem das Sequenzerprogramm synchron läuft. Da die Ausgänge des MIDI-Tonerzeugers analog sind, gibt es hier keine Takt-Probleme, man muss lediglich darauf achten, genügend analoge Eingänge am Mischpult zur Verfügung zu haben.

Auch in diesem Setup besteht das oben schon beschriebene Problem, dass der als Masterrecorder verwendete DAT nicht extern

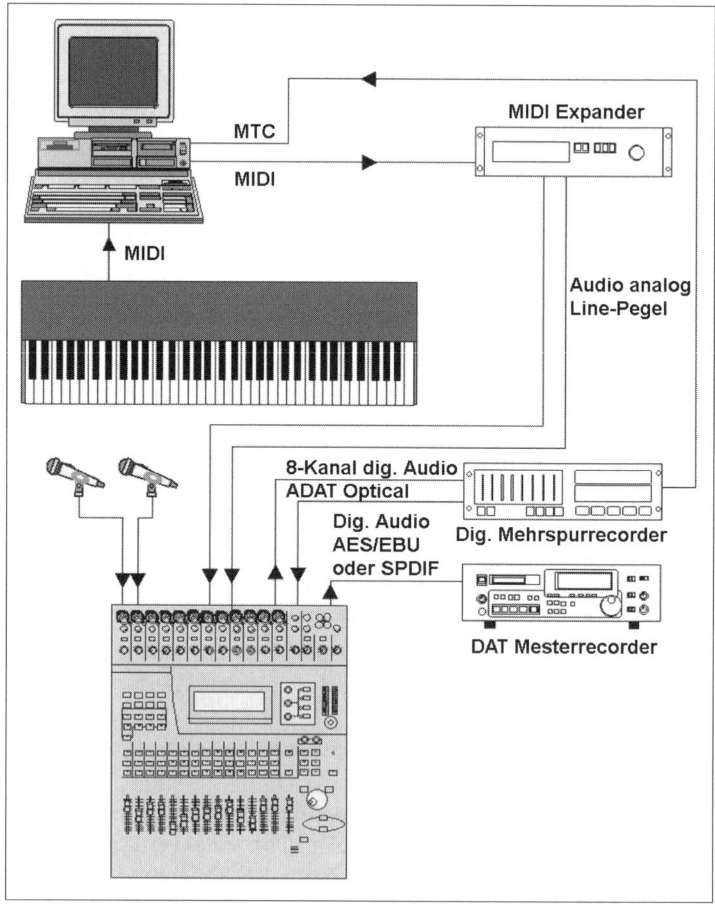

Abbildung 46: Computer als MIDI-Sequenzer und digitaler Mehrspur-Recorder

synchronisierbar ist und deshalb im Play-Mode als Master fungieren muss, wenn er digital angeschlossen sein soll. Hier muss also immer zum Abspielen des DAT die Konfiguration am Mischpult geändert werden.

Computer als Sequenzer und zur Audio-Bearbeitung, digitaler Mehrspurrecorder mit selbstsynchronisierender Schnittstelle

Im nun folgenden Setup sollen Audiodaten sowohl auf einem Mehrspurrecorder als auch auf dem Rechner aufgenommen werden. Dies setzt voraus, dass nun auch der Rechnertakt synchron zu allen anderen Geräten läuft. Hierzu sind nur bestimmte Audiokarten

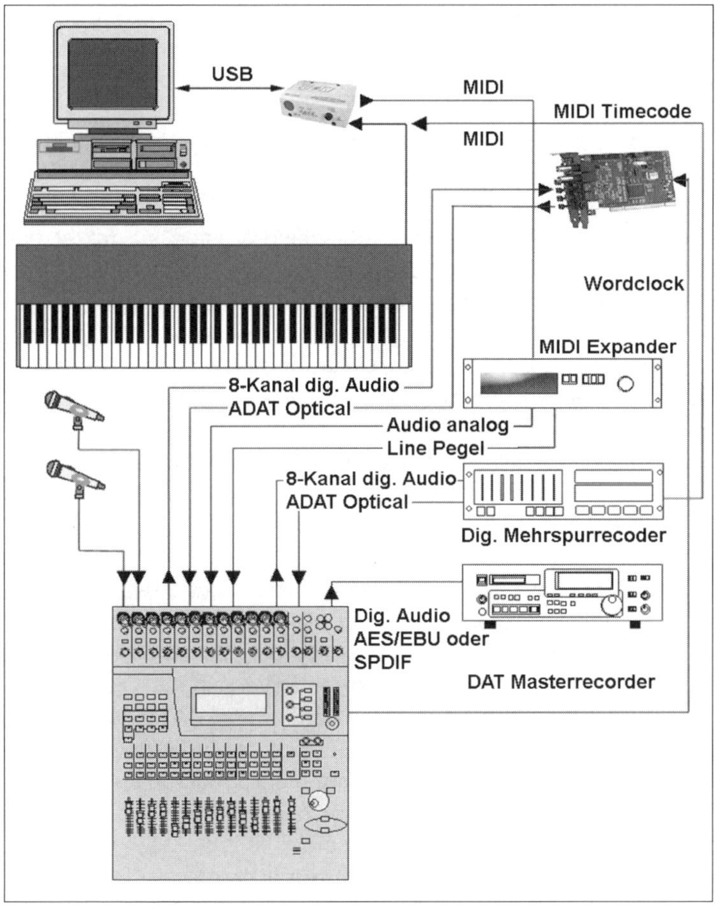

Abbildung 47: Digitaler Mehrspur-Recorder als Master des Systems

in der Lage. Auch Karten, die wegen ihrer guten Audioqualität verwendbar wären, bieten leider meistens nicht die Möglichkeit, im Play-Mode als Slave zu arbeiten und müssten also analog angeschlossen werden.

Es wird ein externes MIDI-Interface benutzt, das über den USB-Port am Rechner angeschlossen ist. Diese Interface muss mindestens zwei gleichzeitig benutzbare MIDI-Eingänge haben und die Daten mergen (kombinieren), wenn synchron zu den auf dem digitalen Mehrspurrecorder aufgenommenen Audiosignalen MIDI-Daten über das Keyboard eingespielt werden sollen.

Spätestens in einem solchen Setup wäre es sinnvoll, das Mischpult als zentralen Taktgeber zu benutzen und alle anderen Geräte dazu zu synchronisieren.

Dass es auch anders geht, zeigt die erste der beiden Grafiken der vorhergehenden Doppelseite.

Hier ist die digitale Mehrspur-Maschine Master, sie taktet das Mischpult über ihre digitalen Audioausgänge und gibt gleichzeitig MIDI-Timecode für die Synchronisation des Rechners ab.

Da jetzt nicht nur der Sequenzer synchronisiert werden soll, sondern auch Audiodaten, die auf der Festplatte aufgezeichnet werden, muss der Takt der Audiokarte ebenfalls synchronisiert werden, wenn man gleichzeitig auch Audio vom Rechner hören möchte. Dies kann wie in der Grafik gezeigt über den Wordclock-Ausgang des Mischpultes geschehen.

Besonders günstig ist dieses Vorgehen nicht, da sich wie schon gesagt der Jitter im Clock-Signal durch eine solche „Reihenschaltung" erhöht. Wenn der digitale Mehrspurrecorder über einen Wordclock-Ausgang verfügt, ist es besser, diesen zu verwenden. Dies führt allerdings dann zu Problemen, wenn das auf dem DAT aufgenommene Signal abgehört werden soll: Nun muss der DAT Master sein, der Takt des Mehrspurrecorders ist nicht mehr synchron zu Mischpult und DAT, dies betrifft dann auch den Takt der Audiokarte im Rechner, wenn dieser vom Mehrspurrecorder kommt. Die Audioverbindungen vom Mehrspur und Audiokarte müssen deshalb abgezogen werden, sie würden sonst eine Fehlermeldung am Mischpult erzeugen (z.B. Multitrack Input out of Sync.).

Die beste Lösung: Mischpult als Clock-Master
Als einziges Problem in diesem Setup bleibt der nicht extern synchronisierbare DAT-Recorder. Er ist in diesem Beispiel analog angeschlossen, da meistens nur eine Aufnahme abgehört werden soll. Falls Audiodaten von DAT auf die Festplatte oder den Mehrspur-Recorder digital überspielt werden sollen, muss die Clock-Verkabelung des gesamten Systems so geändert werden, dass der DAT Clock-Master sein kann.

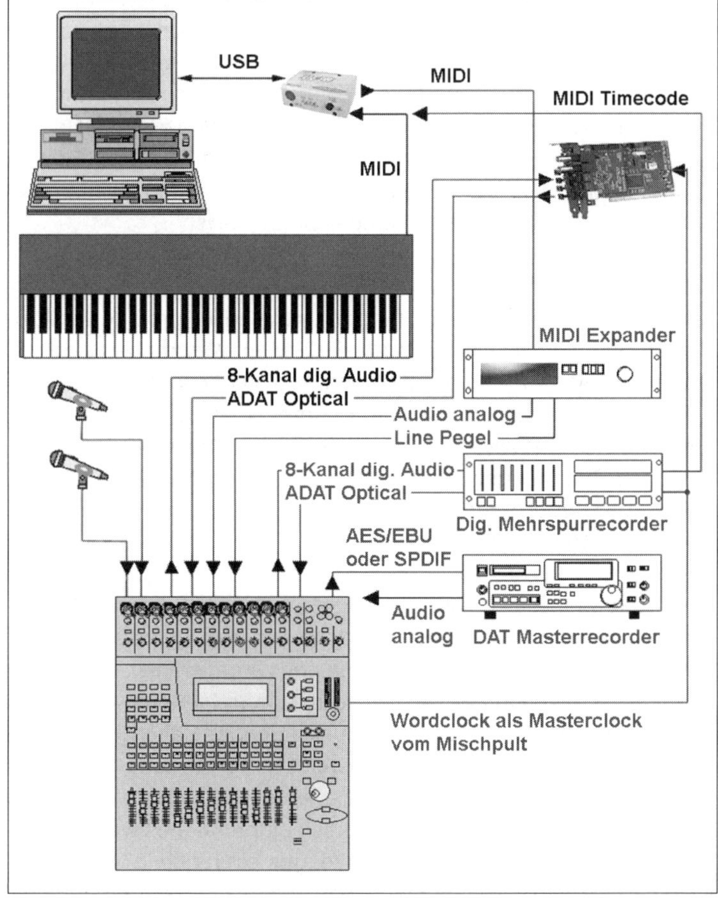

Abbildung 48: Mischpult als Masterclock-Generator

6. Die Pegelverhältnisse im digitalen Studio

6.1 Das Verhalten bei kleinen Pegeln

-6 dB Pegel = -1 Bit Auflösung

Wie aus Abschnitt 3.1 über das Prinzip der Analog/Digital-Wandlung klar wurde, bestimmt die Wortbreite des Digitalsignals, wie genau der digitale Wert mit dem tatsächlichen analogen Wert übereinstimmt. Weiterhin wurde klar, dass für die Darstellung eines Signals, in einem Digitalwort von z.B. 16 Bit Wortbreite ausgedrückt, maximal 65.536 Stufen zur Verfügung stehen. Für ein Signal, das halb so groß ist, in dB ausgedrückt also 6 dB kleiner, steht ein Wertevorrat 1/2 * 65.536 zur Verfügung, was einer Auflösung von 15 Bit entspricht (2^{15} = 2.768). Weitere -6 dB Pegel, also eine erneute Halbierung des Signals, verringert die Auflösung auf 14 Bit usw. Es wird deutlich, dass die Abstufung relativ zur Größe des Signals immer grober wird, je kleiner das zu wandelnde Signal ist.

In einigen Systemen, die in der Telekommunikation verwendet werden, hat man deshalb die Stufung unterschiedlich groß gewählt, zu kleinen Signalen hin werden auch die Stufen entsprechend kleiner. Diese Methode wäre in der digitalen Audiotechnik allerdings nicht besonders praktikabel, nur durch immer gleich große Quantisierungsintervalle ist die erzeugte Binärzahl direkt proportional zum analogen Spannungswert und erst dies ermöglicht Mischen oder Ändern der Pegel durch einfaches Addieren oder Multiplizieren der entsprechenden Samplewerte.

Wenn das Signal bei niedrigen Pegeln keine komplizierte Wellenform hat, sondern eher gleichförmig ist, machen sich die durch die geringe Auflösung entstehenden Quantisierungsfehler besonders unangenehm bemerkbar. Dies ist bei sinusförmigen Schwingungen so, also zum Beispiel bei langsam ausklingenden Saiten (Klavier, Gitarre etc.), leider also genau dann, wenn Störgeräusche besonders auffallen. Die Fehler sind in einem solchen Fall nicht mehr zufällig verteilt, was im Idealfall ein als natürlich empfundenes weißes Rauschen entstehen ließe, sondern erzeugen ein regelmäßiges, statistisch vorhersagbares Geräusch, das eher als Verzerrung denn als Rauschen empfunden wird und deshalb viel unangenehmer und aufdringlicher ist. Auch der unvermeidliche Stufencharakter selbst erzeugt durch entstehende Oberwellen Klirrfaktor.

Granular-Geräusch

Bei einem großen Signal sind sehr viele Stufen enthalten, das Signal würde uns optisch als gleichmäßiger Kurvenverlauf erscheinen, bei einem kleinen Signal mit nur wenigen Stufen hingegen ist der Stufencharakter deutlich sichtbar. Das gleiche trifft auf unseren Höreindruck zu. Wenn man analoges Rauschen mit dem Geräusch rieselnden feinen Sandes vergleicht, entspricht das Störgeräusch bei der groben Quantisierung niedriger Pegeln eher dem Ausschütten eines Eimers mit mittelgroßen Kieselsteinen. Diese Form von Rauschen wird wegen der Art seiner Entstehung auch Granulargeräusch genannt.

Hinzu kommt, dass die Störkomponenten nach dem Anti-Aliasing-Filter entstehen und deshalb Alias-Frequenzen im Audiobereich erzeugen, die dem Signal zusätzlich addiert werden.

Hier wird ein gravierender Unterschied zwischen analoger und digitaler Audiotechnik deutlich: Ausgehend von einem rauschfreien Signal am Eingang eines Systems kann man sagen, dass bei analoger Technik das Rauschen weitgehend unabhängig davon ist, ob große oder kleine Pegel verarbeitet werden sollen. Rauschen wird hier von den Komponenten des Systems erzeugt und steigt mit der Verstärkung des Nutzsignals, da es mit verstärkt wird. Dies ist bei digitaler Verarbeitung nicht der Fall, das Bearbeitungssystem (Mischpult, Aufnahmegerät, Effektgerät etc.) selbst erzeugt kein Rauschen, das zum Signal addiert würde. Bei der AD-Wandlung jedoch entsteht Quantisierungsrauschen, das mit leiser werdendem Signal immer lauter wird, also dann besonders unangenehm auffällt, weil es nicht mehr vom Nutzsignal verdeckt wird. Mit anderen Worten: Der Fremdspannungsabstand von Digitalsystemen wird mit abnehmendem Signalpegel schlechter.

Als Konsequenzen aus dem eben gesagten können die folgenden Forderungen abgeleitet werden:

1) Es sollte eine möglichst große Wortbreite verwendet werden. Die Verwendung von 24 Bit zur Codierung beispielsweise bedeutet, dass ein Signal mit der Hälfte des Pegels, also 6 dB unter Vollaussteuerung noch mit 23 Bit codiert wird, selbst für ein Signal mit -42 dBFs (42 dB unter Full Scale = Vollaussteuerung) stehen

noch 17 Bit zur Verfügung, genügend kleine Stufen sind also hier viel eher gewährleistet als bei einem 16-Bit-Signal, das bei -42 dBFs nur noch mit 9 Bit aufgelöst würde.

2) Es ist eine möglichst hohe Aussteuerung des AD-Wandlers anzustreben.

3) Wenn möglich, sollten technische Gegenmaßnahmen ergriffen werden, die das Störgeräusch bei kleinen Signalen reduzieren oder mindestens angenehmer klingen lassen. Eine dieser technischen Maßnahmen heißt Dithering und wurde am Ende des Kapitels 3.1 über die AD-Wandlung kurz erklärt.

6.2 Das Verhalten bei großen Pegeln

Analoge Aussteueerung

Bei analogen Systemen hängt die Aussteuerungsgrenze letztlich von der Höhe der Versorgungsspannung der elektronischen Komponenten ab. Ein analoger Verstärker kann am Ausgang selbstverständlich keine höhere Spannung abgeben als die, die ihm durch seine Stromversorgung zur Verfügung steht. Außerdem steigen bei analogen Systemen nichtlineare Verzerrungen kontinuierlich mit der Signalamplitude an. Eine maximale Aussteuerung ließe sich hier also auch durch einen maximal zulässigen Klirrfaktor festlegen.

Digitale Aussteuerung

Im Gegensatz dazu ist in einem digitalen System die Versorgungsspannung der elektronischen Bauteile kein Maß für den maximal erreichbaren Nutzpegel.

In den meisten digitalen Systemen beträgt die Stromversorgung fünf Volt, sie ist hier ein Maß dafür, wie gut nach einem „Transport“ von Daten noch zwischen den beiden digitalen Zuständen Null (= keine Spannung, Null Volt) und Eins (vollen Betriebsspannung, meistens plus fünf Volt) unterschieden werden kann. Der Signalpegel wird einzig durch das ihn darstellende digitale Wort bestimmt, die Aussteuerungsgrenze ist hier erreicht, wenn alle zur Verfügung stehenden Bit auf eins gesetzt sind. Dabei spielt es auch keine Rolle, wie groß die Wortbreite des verwendeten Wortes ist, sie bestimmt wie oben gesagt unter anderem nur, wie genau eine analoge Spannung innerhalb des Bereiches bis zur Vollaussteuerung als Digitalwort dargestellt werden kann.

Der Klirrfaktor ist bis zur Vollaussteuerung unabhängig vom Pegel sehr gering und steigt nach der Vollaussteuerung sprunghaft zu nicht tolerierbaren Werten an, da ein höherer Pegel ähnlich wie beim Erreichen die Betriebsspannung bei analogen Systemen nicht mehr dargestellt werden kann. Diese Übersteuerung muss also unbedingt vermieden werden.

Andererseits wurde im vorigen Abschnitt die Forderung aufgestellt, wegen der steigenden Störungen bei niedrigem Pegel möglichst hohe Nutzsignale zu verwenden, das heißt, möglichst hoch auszusteuern. Um der Erfüllung beider Forderungen möglichst nahe zu kommen, muss eine Aussteuerungsreserve festgelegt werden, die einerseits Sicherheit vor Übersteuerung bietet und andererseits möglichst klein ist, um eine möglichst hohen Fremdspannungsabstand zu erreichen. Wie groß diese Aussteuerungsreserve sein soll, ist weltweit bisher leider nicht einheitlich festgelegt. Diese Tatsache führt, wie wir in einem späteren Kapitel sehen werden, bei der Aussteuerungs-Anzeige verschiedener Geräte innerhalb eines digitalen Systems oft zu Verwirrungen und Interpretationsschwierigkeiten.

6.3 Aussteuerung und Pegelverhältnisse in der digitalen Audiowelt

Wie in der analogen Welt spielen auch in digitalen Aufnahmestudios die Pegelverhältnisse bei der Aufnahme, bei der Übertragung von Audiodaten, aber auch bei der Bearbeitung innerhalb eines Gerätes eine große Rolle. Ebenso wie in der analogen Welt müssen auch im digitalen Tonstudio deshalb Pegel gemessen und angezeigt werden. Um die Unterschiede zur analogen Pegelmessung und Probleme bei der Bearbeitung digital gemessener Pegel zu verstehen, gehen wir im Folgenden zunächst zurück in die analogen Welt und betrachten die traditionellen Messmethoden und Pegelanzeigen, die unsere Gewohnheiten und unser Verständnis weitgehend geprägt haben.

6.3.1 Das VU-Meter

Das VU-Meter war wohl das erste standardisierte Audiopegel-Messinstrument. Nach der Verbreitung der magnetischen Aufzeichnungstechnik in der zweiten Hälfte des 20. Jahrhunderts wurde schnell die Notwendigkeit erkannt, standardisierte Pegel aufzuzeichnen, um einen Austausch von Bändern problemlos möglich zu machen. Normalerweise wird ein System von Audiogeräten im Studio so eingestellt, dass ein bestimmter Pegel, der bei der Aufnahme am Eingang des Systems (z. B. Mischpult, Mehrspurmaschine, Mastermaschine) vorhanden war, bei der Wiedergabe ebenfalls erzeugt bzw. am Ausgang abgegeben wird. Der Pegelverlust- oder Gewinn sollte also null dB betragen. Falls der Pegel am Eingang z.B. eines Mischpultes zu klein ist, wie dies beispielsweise bei Mikrofonsignalen der Fall ist, wir er um einen entsprechenden Betrag verstärkt, um diesen Standardpegel zu erreichen.

Gemessen wurde und wird der Pegel bei einer festgelegten Frequenz, man einigte sich aus bestimmten Gründen auf einen 1-kHz-Sinuston. Zunächst griff man auf das seit den 30er Jahren des 20sten Jahrhunderts in Amerika verwendete VU-Meter zurück. Die zum damaligen Zeitpunkt vorhandenen Messinstrumente waren die elektromagnetischen Zeigerinstrumente, wie sie zur Messung von Gleich-und Wechselspannung in der Elektrotechnik eingesetzt wurden.

Logarithmische Kennlinie

Solche Instrumente haben, physikalischen Gesetzen folgend, immer eine logarithmische Anzeigecharakteristik. Da unser Ohr auf Lautstärkeunterschiede ebenfalls annähernd logarithmisch reagiert, stellen solche Messinstrumente in guter Näherung die von uns empfundene Lautstärke dar und erhielten deshalb den Namen VU-Meter (VU = Volume Unit). Sie zeigen also nicht wirklich den Pegel eines Signals an, sondern dessen Lautheit.

Ein wichtiges Kriterium für die Höhe des angezeigten Pegels ist die Ansprechgeschwindigkeit eines Anzeigeinstrumentes. Diese Ballistik oder auch Integrationszeit genannte Eigenschaft ist genormt und wird in ms (Millisekunden = 1/1000 Sekunde) angegeben. Die gerade beschriebenen VU-Meter haben eine durch die Masse der bewegten Teile bedingte langsame Reaktionszeit, also eine hohe Integrationszeit, sie beträgt 300 msec. Diese langsame Reaktionszeit erklärt, warum VU-Meter nur bei sinusförmigen Dauersignalen den tatsächlich vorhandenen Pegel anzeigen und sich je nach Programmmaterial mehr oder weniger große Abweichungen ergeben. Bei stark perkussiven Signalen kann die Anzeige den schnellen Pegelwechseln nicht mehr folgen, es wird ein deutlich zu niedriger Pegel angezeigt. Kurze Übersteuerungen durch Pegelspitzen sind nicht sichtbar. Die Skala eines VU-Meters deckt entsprechend der

Trägheit der Anzeige nur einen relativ kleinen Bereich ab, sie reicht von -20 dB über 0 dB bis +3 dB.

Abbildung 49: Ein Standard-VU-Meter

6.3.2 Der Standard-Studiopegel, warum gerade +4 dB?

Die Spulen der verwendeten Messinstrumente hatten einen relativ niedrigen Innenwiderstand, der das zu messende Objekt stark belastete und so den zu messenden Pegel dämpfte. Meist lag dieser Innenwiderstand bei ca. 4 kOhm. Um das Messerobjekt nicht zu stark zu belasten, wurde ein Widerstand von 3,6 kOhm (nächster an 4 kOhm liegender Normwert) in Reihe zum Messinstrument geschaltet. Dies entspricht einem Teilerverhältnis von 1 zu 1,1111..., was wiederum einem Verhältnis von 4,21 dB entspricht. Die Reihenschaltung aus Messinstrument und Vorwiderstand zeigte also 4,21 dB weniger an, man benötigte deshalb einen Pegel von +4,21 dB, um eine Anzeige von 0 VU zu erzeugen. Dieser Wert wurde auf 4 dB abgerundet und hat sich als Studio-Normpegel etabliert.

6.3.3 Das Peak-Meter

Nach den zweiten Weltkrieg wurde auf der Kopenhagener Wellenkonferenz 1947 die Verteilung der Radiofrequenzen neu geordnet. Für Deutschland wurden von den Alliierten (wohl wegen der geringeren Reichweite) zunächst nur UKW-Sender mit Frequenzmodulation frei zugelassen. Diese Technik erforderte aber eine sehr exakte Kontrolle des Pegels zum Schutz vor Übersteuerung, spätestens jetzt bestand der Bedarf nach einem schnellen Pegelmesser, der auch das Erkennen kurzer Pegelspitzen (Peaks) ermöglichte und so die Senderöhren sicher vor zu hohen Pegeln schützte.

Ein solches Peak-Meter wurde im Rundfunk-Pflichtenheft 3/6 durch das Institut für Rundfunktechnik (IRT) genormt. Peak-Meter oder PPM-Meter reagieren wesentlich schneller als VU-Meter, ihre Integrationszeit beträgt 10 msec.

Institut für Rundfunktechnik

Der Unterschied in der Anzeige zwischen VU-Meter und Peak-Meter ist vor allem bei sehr perkussiven Signalen leicht zu beobachten: während das Peak-Meter heftig ausschlägt, bewegt sich unter Umständen ein VU-Meter kaum, die Anzeige ist beim VU-Meter zwischen 6 dB und 10 dB geringer.

Da die Anzeige wechselnden Signalpegeln wesentlich schneller folgt, ist auch der Anzeigebereich eines Peak-Meters größer. Er reicht bei dem in Deutschland im Rundfunk-Pflichtenheft 3/6 genormten Peakmeter von -50 dB über 0 dB bis +5 dB.

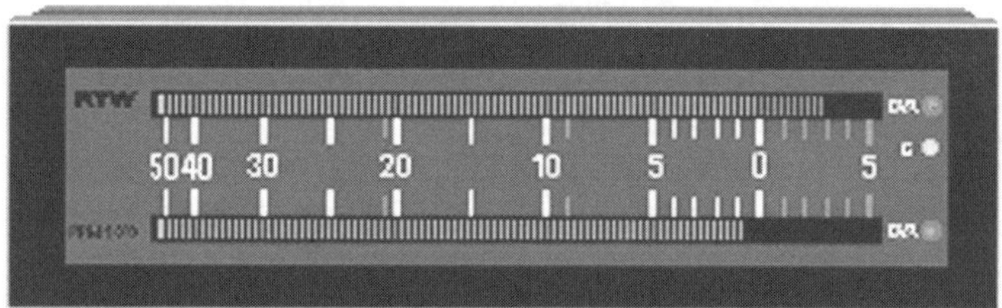

Abbildung 50: Ein Peak-Meter mit Din-Skala (RTW P1001H)

Bei den deutschen und einigen anderen europäischen Rundfunkanstalten und in für diese produzierenden professionellen Studios ist der Studio-Normpegel, also der Pegel, bei dem das Instrument 0 dB anzeigt, nicht wie oben beschrieben und international üblich +4 dB, sondern beträgt aus verschiedenen Gründen +6 dB.

6.3.4 Pegelmessung digital: Das digitale Peak-Meter

Digitale Pegelmesser haben eine noch schnellere Reaktionszeit als Peak-Meter für den analogen Bereich, ihre Integrationszeit beträgt 1 ms oder weniger. Dies ist nötig, da sich Übersteuerungen in der digitalen Audiowelt weit unangenehmer bemerkbar machen, als dies bei der analogen Signalverarbeitung und Aufnahme der Fall war. Moderne Wandler vertragen zwar gegenüber den noch vor einigen Jahren benutzten eine geringe „Übersteuerung", ohne die bei früheren Wandlern üblichen extremen Störgeräusche zu erzeugen, da aber durch das Funktionsprinzip bedingt eine Übersteuerung tatsächlich nicht möglich ist, werden hier lediglich die entstehenden Störkomponenten mehr oder weniger stark ausgefiltert.

Die Skala des digitalen Peak-Meters beginnt bei -60 dB und endet bei 0 dB. Sie trägt damit zum einen der großen möglichen Dynamik im digitalem Audiobereich Rechnung, zum anderen wird deutlich, dass es hier eine absolute Aussteuerungsgrenze gibt. Das Ende der Skala beschreibt den Fall, dass alle Bits der zur Verfügung stehenden Wortbreite auf „1“ gesetzt sind. Es ist dann nicht mehr möglich, einen noch höheren Pegel auszudrücken, weil dazu ein weiteres Bit benötigt würde. Dieser Fall wird „Fullscale“ genannt, der Pegel beträgt dann 0 dBFs.

6.3.5 Headroom analog/digital

In der analogen Audiowelt wird als Headroom der Pegel bezeichnet, der oberhalb des nominalen Pegels noch als Aussteuerungsreserve zur Verfügung steht, bevor ein festgelegter Klirrfaktor auftritt. Bei Bandmaschinen war dieser Klirrfaktor mit 3 % festgelegt. Die klingt zunächst sehr viel, wegen der Art der Störkomponenten waren diese analogen Verzerrungen jedoch erträglich. Ab einer bestimmten Magnetisierung ließ sich das Band zwar nicht mehr linear magnetisieren, aber die Aufnahme war weiterhin verwertbar.

Analoge Mischpulte haben je nach Höhe der Stromversorgung ihrer elektronischen Bauteile (meist zwischen +/-15 V bis +/-18 V) eine Aussteuerungsgrenze von etwa +18 dBu bis +21 dBu. Bei einem Nominalpegel von +4 dBu boten sie also zwischen 14 db und 17 dB Aussteuerungsreserve oder Headroom. Dies erscheint zunächst sehr viel zu sein, wie wichtig diese Reserve jedoch ist, erfährt jeder Toningenieur spätestens bei der Aufnahme von Gesang. Die beim Soundcheck gemessene Lautstärke wird mit ziemlicher Sicherheit bei der tatsächlichen Aufnahme um einiges überschritten.

Die Skala eines zur Messung von Analogsignalen gedachten Peak-Meters hat wegen des zur Verfügung stehenden Headrooms einen Bereich von -50 dB bis 0 dB, bei dieser Marke liegt Nominalpegel an. Danach folgt noch ein Bereich bis (meistens) +5 dB, dies ist der Übersteuerungsbereich, der in jedem Fall noch toleriert werden kann. Während eine geringe Übersteuerung bei analogen Systemen bei der richtigen Arbeitsweise kein Problem darstellt und bei magnetischer Aufzeichnung sogar bewusst als Gestaltungsmittel eingesetzt wird (Bandkompression), erfordern digitale Aufnahme- und Bearbeitungssysteme einiges Umdenken, denn:

Digitale Audiosysteme haben keinen Headroom

Wie im Kapitel 6.2 bereits gesagt, ist der Klirrfaktor bei digitalen Audiosystemen bis zur Aussteuerungsgrenze sehr gering und steigt dann sprunghaft auf nicht tolerierbare Werte an. Mit dieser Aussteuerungsgrenze, dem FullScale-Pegel, ist der maximal darstellbare Pegel erreicht. Bei digitalen Pegelmessern steht hier die Zahl „0“, um diesen Umstand darzustellen.

Um dennoch bei der Aufnahme eine gewisse Sicherheit zu haben, muss ein digitales Audiosystem so eingestellt werden, dass der nominale Pegel eine Aussteuerung bewirkt, die um einen bestimmten Betrag unterhalb des FullScale-Pegels liegt, um so einen künstlichen Headroom zu erzeugen. Da die „0“-Marke das obere Ende der Skala darstellt, sind alle unter diesem Wert liegenden Pegel negativ und werden als negative Werte (z.B. -9 dBFs) angegeben.

Wie groß die Aussteuerungsreserve in der digitalen Audiotechnik sein soll, ist leider bis heute nicht eindeutig genormt. Hier kommt es deshalb immer wieder zu Unsicherheiten, Missverständnissen und Inkompatibilität im Austausch von Datenträgern. Das Problem des künstlichen Headrooms ist, dass, wie wir inzwischen wissen, jeweils durch 6 dB weniger Aussteuerung die benutzte Wortbreite um 1 Bit reduziert wird. Ein 16-Bit-System, das so eingestellt ist, dass der Nominalpegel eine Aussteuerung von -18 dBFs erzeugt, arbeitet also bei Nominalpegel nur noch mit einer Wortbreite von 13 Bit. Diese Tatsache führt dazu, dass der Headroom einerseits möglichst klein sein sollte, andererseits aber zuverlässig vor Übersteuerungen schützen muss. Die Vorstellungen davon, was hier als „Sicherheitsabstand“ ausreicht, sind weltweit sehr unterschiedlich.

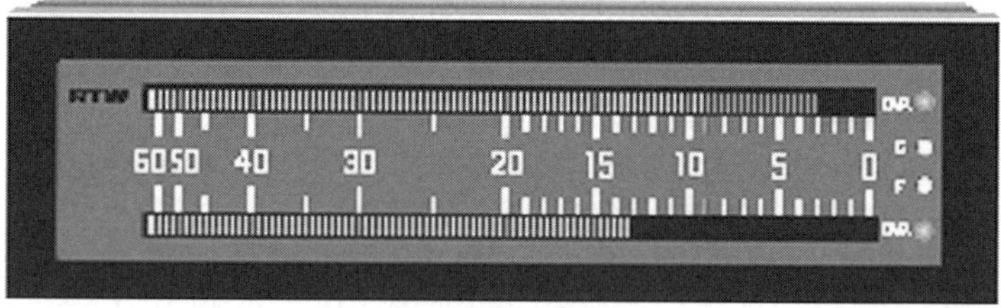

Abbildung 51: Ein digitales Peak-Meter (RTW 1052)

Abbildung 50 zeigt ein Standard VU-Meter, das einen im analogen Bereich vorhandenen Headroom anzeigen kann. Die Anzeige 0 VU wird bei Nominalpegel erreicht, dies sind im kommerziellen Studiobereich +4 dBu, im Broadcast-Bereich in Deutschland und einigen anderen europäischen Ländern +6 dBu.

In Abbildung 51 ist ein digitales Peak-Meter dargestellt. „Digital" heißt in diesem Fall, dass es über digitale Eingänge verfügt und deshalb ein völlig anderes Funktionsprinzip hat. Bei einem analogen Instrument wird die zu messende Wechselspannung gleichgerichtet und dann angezeigt, nach diesem Prinzip funktioniert ein analoges Instrument auch dann, wenn die Anzeige mit LED-Ketten oder einem Plasmadisplay erfolgt.

Digitale Anzeige

Ein digitales Peak-Meter wertet die als Binärzahl vorliegende Spannung aus und zeigt den Wert in geeigneter Form an. Wegen der kurzen Integrationszeit von 1 ms oder kürzer sind mechanische Anzeigen hierfür ungeeignet. Die Skala eines digitalen Peak-Meters endet immer mit „0", es wird kein Headroom als Bereich oberhalb dieser Marke angezeigt.

Wie schon erwähnt, wird in digitalen Systemen ein Headroom künstlich dadurch erzeugt, dass der vereinbarte Nominalpegel das System „untersteuert", das heißt eine Aussteuerung erzeugt, die einen bestimmten Betrag unter der möglichen Vollaussteuerung liegt. Bei dem in Abbildung 51 gezeigten Instrument kann der Headroombereich von -20 dB bis -5 dB in Schritten von 1 dB eingestellt werden, dies ermöglicht eine Anpassung an die verschiedenen Auffassungen, wie viel Headroom benötigt wird.

Die Integrationszeit kann zwischen einem Sample (22,6 µsek. bei 44,1 kHz Samplefrequenz) und 10 ms (Slow-Mode) umgeschaltet werden.

Es folgt eine kleine Aufstellung der verschiedenen Auffassungen über den bei digitalen Systemen nötigen Headroom, die eine solche Umschaltung nötig machen, frei nach dem Motto „Normen sind toll, warum soll nicht jeder seinen eigenen haben?"

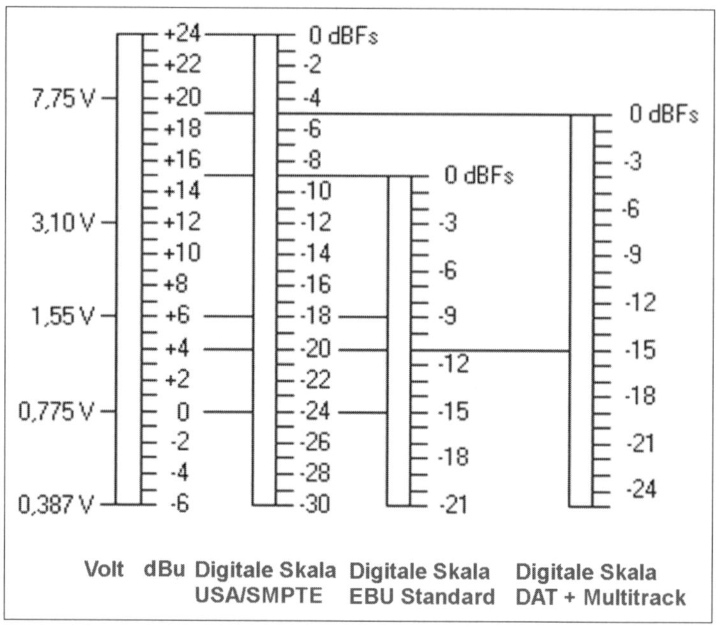

Abbildung 52: Die babylonische Pegelverwirrung

6.3.5.1 Verschiedene digitale Pegeleinstellungen

Die obige Abbildung 52 zeigt, dass die Pegelung in der digitalen Audiowelt ein Bild ergibt, das einige Ähnlichkeit mit der Welt direkt nach der babylonischen Sprachverwirrung hat.

SMPTE-Pegel

In den USA von der SMPTE (Society of Motion Pictures and Television Engineers) festgelegt, ergibt die Ansteuerung mit dem Studio-Normpegel vom +4 dBu eine Aussteuerung von -20 dBFs, man gönnt sich also 20 dB Headroom. Diese Einstellung wird bei einigen professionellen digitalen Videorecordern und einigen Harddisk-Systemen verwendet. Bei Vollaussteuerung liegen am Analog-Ausgang eines so eingestellten Gerätes also +24 dBu.

EBU-Pegel

Die Europäer trauen sich offensichtlich zu, die zu erwartenden Pegelverhältnisse besser einschätzen zu können, sie kommen mit 9 dB Headroom aus, der bei einem Nominalpegel von +6 dBu erreicht wird. Diese Einstellung wird von vielen europäischen Rundfunk- und Fernsehanstalten benutzt. Bei Vollaussteuerung liegen am Analog-Ausgang eines so eingestellten Gerätes +15 dBu.

DAT und digitale Mehrspurgeräte

Erneut andere Verhältnisse herrschen bei nahezu allen DAT-Recordern und den so genannten modularen digitalen Multitrack-Recordern (Tascam DTRS-Format, Alesis ADAT und die verschiedenen Harddiskrecorder). Hier ergibt ein Nominalpegel von +4 dBu (oder oft auch -10 dBV an unsymmetrischen Cinch-Eingängen) eine Aussteuerung von -15 dBFs, damit liegen an den Analog-Ausgängen bei Vollaussteuerung +19 dBu an.

Nicht dargestellt sind hier die erneut anderen Auffassungen bei einzelnen europäischen Rundfunk- und Fernsehanstalten, zum Beispiel in Frankreich. Dass die hier dargestellte Vielfalt zu Probleme führen kann, ist leicht einzusehen. Viele Hersteller von digitalen Recordern oder Mischpulten sind daher dazu übergegangen, die Einstellung ihrer Pegelanzeigen umschaltbar zu machen.

Nun zum nächsten Problem, der Over-Anzeige in digitalem Audiosystemen:

6.3.5.2 Over-Anzeige: Wie kann angezeigt werden, was nicht existiert?

Wie man in Abbildung 51 sieht hat dieses digitale Peakmeter rechts neben den Anzeigebalken eine LED, die Übersteuerungen anzeigt. Hier zeigt sich ein weiteres Problem und eine mögliche Inkompatibilität bei der Pegelmessung auf der digitalen Ebene.

Die wichtigste Frage wurde schon in der Überschrift dieses Abschnittes gestellt: Wie kann etwas angezeigt werden, das nicht existiert?

Mehr als Fullscale?

Das höchste digitale Signal, das übertragen und damit am Eingang eines digitalen Peak- Meters anliegen kann, ist das Fullscale-Signal, alle zur Verfügung stehenden Bits sind gesetzt.

Dieses Signal ist aber ein „erlaubtes“ Signal, bei 100 % Aussteuerung liegt keine Übersteuerung vor. Trotzdem kann dieses Signal durch einen übersteuerten AD-Wandler erzeugt worden sein und nicht mehr viel mit dem ursprünglichen analogen Signal gemein haben. Während der Aufnahme kann noch detektiert werden, dass das Signal wegen eines zu hohen Pegels abgeschnitten wurde, die Over-Anzeige spricht an. Bei der Wiedergabe zum Beispiel eines DAT-Bands ist diese Vorgeschichte des Signals jedoch auf der digitalen Ebene nicht mehr zu erkennen.

Viele ältere DAT-Recorder und digitale Multitrack-Recorder (z.B. Tascam DA-88) zeigten deshalb bei der Wiedergabe eines Bandes nie Over an, bei anderen, vor allem neueren Modellen wird aber sehr wohl eine Übersteuerung auch bei der Wiedergabe angezeigt. Was aber bringt ein digitales Peak-Meter in solchen Fällen dazu, die Over-Anzeige zu aktivieren?

Hier gibt es erneut verschiedene Methoden: Die Software einiger Hersteller vermutet, dass bei der Aufnahme eine Übersteuerung vorlag, wenn mindestens zwei Samples hintereinander einen Pegel vom mindestens 0,2 dB unter Fullscale aufweisen. Bei anderen Anzeigeinstrumenten wird eine Übersteuerung als wahrscheinlich angesehen, wenn mehrere Samples hintereinander ein Fullscale-Signal vorhanden ist. Bei professionellen digitalen Peak-Metern kann sowohl die Ansprechschwelle als auch die Anzahl von ausgewerteten Samples eingestellt werden. So lässt sie zum Beispiel bei dem in Bild 51 dargestellten Instrument die Ansprechschwelle zwischen Fs, -0,1 dB, -0,2 dB, -0,5 dB und -1 dB einstellen, die Anzahl der ausgewerteten Samples und damit die Ansprechzeit kann zwischen 1 bis 15 Samples variiert werden.

Obwohl die Over-Anzeige bei der Wiedergabe nur eine Vermutung darstellt und eigentlich nicht mehr relevant ist, führt ein Over bei der Wiedergabe eines Bandes doch oft zu erheblicher Verunsicherung, zumal wie eben dargestellt verschiedene Recorder unterschiedlich reagieren können. Lassen Sie sich davon nicht beeindrucken! Wenn trotz Over-Anzeige keine Störungen hörbar sind, hat entweder die Software Ihres Wiedergabegerätes falsch vermutet oder die zur Aufnahme verwendeten AD-Wandler waren in der Lage, die bei der Übersteuerung entstandenen Störungen weitgehend herauszufiltern.

6.3.6 Die Pegelverhältnisse in gemischten analogen/digitalen Systemen

Die bisher genannten unterschiedlichen Auffassungen von benötigtem Headroom und Ansprechen der Übersteuerungsanzeige sind verwirrend, führen aber nicht zu Problemen, solange man sich vollständig auf der digitalem Ebene bewegt. Einige Schwierigkeiten sind jedoch dann zu meistern, wenn die Technik im Studio eine Kombination aus analogen und digitalen Audiogeräten darstellt, wie dies heute meistens der Fall ist. Zwei Probleme sind in solchen Setups zu erwarten:

1) Mögliche Probleme während der Aufnahme.

Wenn ein analoges Mischpult verwendet wird, ist der Ausgangspegel meist zu niedrig, um einen Fullscale-Pegel bei einem digitalen Aufnahmegerät zu erreichen. Dies gelingt nur, wenn die Aussteuerungsmesser des Mischpultes sich längst im roten Bereich bewegen oder bereits am Skalenende kleben. Eine einfache Rechnung verdeutlicht, warum dies so ist:

Die Meter des analogen Mischpultes zeigen bei einem Nominalpegel von (meistens) +4 dB an den symmetrischen Line- oder Tapeausgänge eine Anzeige von 0 VU. Danach beginnt der „rote Bereich", der den Bereich des Headrooms der Konsole markiert. Die evtl. verwendete digitale Mehrspurmaschine, der DAT-Recorder oder das Harddiskrecordingsystem sind so eingestellt, dass diese +4 dBu eine Aussteuerung von -15 dBFs oder eine der anderen oben erwähnten Anzeigen ergeben, in jeden Fall aber eine Anzeige weit unterhalb von Fullscale. Da aber wegen vorher besprochener Gründe die Aussteuerung auf der digitalen Ebene möglichst hoch sein sollte, möchte man so aussteuern, dass die höchsten Pegelspitzen Fs erreichen. In dem genannten Beispiel muss das Mischpult dann aber einen Ausgangspegel von +19 dBu liefern, was zwar in einigen Fällen möglich ist, aber das VU-Meter oder Peak-Meter des Pultes zum Glühen bringt.

Abhilfe schafft hier, den bei vielen digitalen Recordern vorhandenen unsymmetrischen Analogeingang zu verwenden, der eine höhere Eingangsempfindlichkeit hat und meist bei -10 dBV das Erreichen des im obigen Beispiel genannten Wertes von -15 dBFs ermöglicht. Um über diesen Eingang ein Fullscale-Signal zu erreichen, muss das Mischpult also einen um 15 dB über dem Nominalpegel von -10 dBV liegenden Pegel abgeben, also +5 dBV, was 1,778 Volt oder +7,2 dBu entspricht.

Da unser Beispielpult bei einer Anzeige von 0 VU +4 dBu Audiosignalpegel abgibt, müssen die Meter somit +3,2 dB anzeigen, um einen Vollausschlag (Fullscale) am digitalen Recorder zu erzeugen. Dieser Pegel sollte mit allen analogen Mischpulten realisierbar und auch an den Metern darstellbar sein.

2) Mögliche Probleme während der Wiedergabe.

Wenn richtig eingestellt, sollten sowohl analoge wie auch digitale Aufnahmesysteme den aufgenommenen Pegel in identischer Höhe auch wiedergeben. Dies bedeutet aber bei einem digitalen System, dass bei der üblichen Pegelung (+4 dBu für einen digitalen Pegel von -15 dBFs) ein Pegel von bis zu + 19 dBu = 6,9 Volt abgegeben wird, wenn der aufgenommene Pegel Fullscale erreicht. Hiermit sind einige semiprofessionelle analoge Mischpulte aber bereits deutlich überfordert oder an ihrer Aussteuerungsgrenze angelangt. Oft verfügen die Tape-Eingänge (Tape-Return) solcher Pulte nicht über einen Vorpegelregler (Gain), ein Abmischen der von der digitalen Mehrspurmaschine kommenden Signale ist kaum möglich. Wenn als Tape-Returns oder Line-Eingänge gar nur unsymmetrische Eingänge mit einer Empfindlichkeit von -10 dBV vorhanden sind, wird die Situation noch schwieriger.

Symmetrisch/ Unsymmetrisch/ mischen

Auch hier schafft Abhilfe, die meist vorhandenen unsymmetrischen Ausgänge des Recorders zu verwenden, die auf einen Nominalpegel von -10 dBV eingestellt sind. Sie geben wie im vorigen Abschnitt errechnet bei einem Fullscale-Signal + 7,2 dBu ab, also lediglich +3,2 dB mehr Pegel von +4 dBu der symmetrischen Tape-Returns.

Zu beachten ist bei solchen Wechseln von symmetrischen und unsymmetrischen Anschlussarten immer, dass der Pegel der symmetrischen Anschlüsse nur dann erhalten bleibt, wenn der negative Anschluss (Pin 3 des XLR-Steckers) auf Masse gelegt wird. Wird er einfach offen gelassen, erhält man einen um 6 dB geringeren Pegel. Manche symmetrischen Ausgangsstufen lassen es jedoch leider nicht zu, einen Anschluss mit Masse zu verbinden, in solchen Fällen sind Verzerrungen die wenig erfreuliche Antwort.

In einigen Fällen kann es aber auch erwünscht sein, einen Pegelverlust von 6 dB zu erhalten, vor allem dann, wenn die Eingänge des Mischpultes unsymmetrisch sind und mit einem Nominalpegel von -10 dBV arbeiten.

Widerstands-netzwerk

Eine andere Methode zur Pegelverringerung wäre die Verwendung eines Widerstands-Netzwerkes. Im folgenden ist eine wegen ihrer Anordnung als H-Glied bezeichnete Schaltung dargestellt, die sich gut eignet, um symmetrische Pegel zu verringern. Die Widerstände können leicht in einem XLR-Stecker untergebracht werden.

Bitte beschriften Sie das so modifizierte Kabel, damit ein anderes Mitglied Ihres Teams nicht bei der Verwendung eine unliebsame Überraschung erlebt und unter Umständen lange nach einem Fehler sucht, der den aufgetretenen Pegelverlust verursachen könnte.

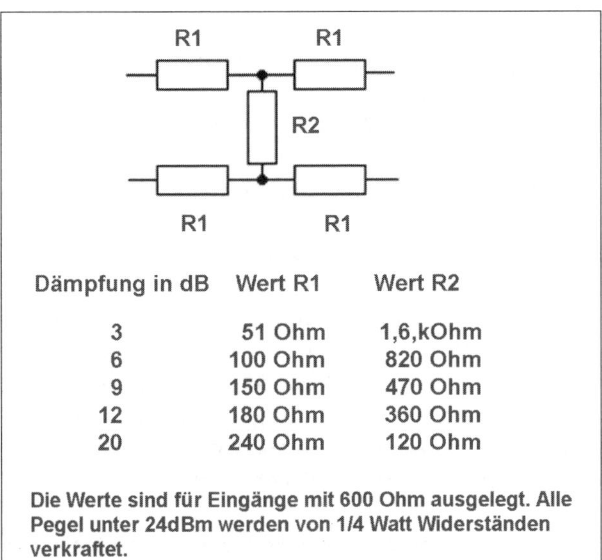

Dämpfung in dB	Wert R1	Wert R2
3	51 Ohm	1,6,kOhm
6	100 Ohm	820 Ohm
9	150 Ohm	470 Ohm
12	180 Ohm	360 Ohm
20	240 Ohm	120 Ohm

Die Werte sind für Eingänge mit 600 Ohm ausgelegt. Alle Pegel unter 24dBm werden von 1/4 Watt Widerständen verkraftet.

Abbildung 53: Dämpfung des analogen Pegels

7. Das virtuelle Studio in der Praxis

7.1 Computer in der Audioanwendung oder warum ein spezieller Computer?

Computer sind aus der Welt der Musikproduktion nicht mehr wegzudenken. Als Sequenzer, Hilfsmittel zum Editieren von Sounds in Synthesizern und Expandern und immer häufiger auch zur Aufnahme von Audiodaten sind Computer in fast allen modernen Studios zu finden und erzeugen fast überall hin und wieder Ärger, Frust und zusätzliche Arbeit durch Fehlermeldungen und Abstürze. Fast alle Computerbenutzer akzeptieren mittlerweile, dass ein Computer von Zeit zu Zeit die Arbeit einstellt. Ich als Musiker jedoch kenne die Frustration, wenn der kreative Prozess plötzlich durch eine Maschine unterbrochen wird, die ihren Dienst quittiert.

Computer vom Spezialisten

Nur ein für die speziellen Bedürfnisse der Audiobearbeitung auch speziell zusammengestellter Computer kann solche Frustsituationen verhindern.

Die Eignung eines Computers für bestimmte Aufgaben zu beurteilen, ist nicht einfach: Wo bestehen zum Beispiel die Unterschiede zwischen zwei Computern mit sehr unterschiedlichem Preis, aber vordergründig gleichen technischen Daten? Nur die gängigen Features und Daten zu vergleichen, hilft meist nicht weiter oder führt zu herben Enttäuschungen nach dem Kauf.

Nachdem der richtige Computer gefunden ist, muss die spezielle Audio-Hardware und -Software ausgesucht, eingebaut und installiert werden. Tests helfen bei der Auswahl, ich haben allerdings schon lange keinen wirklich schlechten Test mehr gelesen. Wo also liegen die Unterschiede zwischen den vielen inzwischen angebotenen Systemen?

Nachdem auch diese Hürde genommen ist, folgt die Installation der Software. Sie ist im besten Fall zeitaufwendig, im schlimmsten Fall ist das System auch nach manchmal tagelangen Versuchen noch immer nicht lauffähig.

Aus diesen Gründen rate ich, eine Computer für die Audiobearbeitung bei Spezialisten zu kaufen, die die verwendeten Komponenten ausgiebig getestet haben und deren Eignung für Audioanwendung garantieren.

7.2 Latenzzeit oder „auch schnelle Computer sind nur Teilzeit-Arbeiter"

Eines der wichtigsten Kriterien für die Beurteilung einer Audio-Workstation ist neben einer sauberen, das heißt brummfreien und knackfreien Wiedergabe die Latenzzeit des Systems. Dieser Begriff erscheint dem Physikunterricht entsprungen und klingt weniger, als hätte er etwas mit Musik zu tun. Die Latenzzeit eines Systems ist jedoch die Quelle von Frustration und häufig die Ursache, eine Kaufentscheidung bereits kurz nach der ersten Inbetriebnahme des neuen Systems zu bereuen. Als Latenzzeit wird die Zeit bezeichnet, die vergeht, bevor eine im System vorgenommene Änderung an den Audiodaten am Ausgang wirksam und damit hörbar wird. Auch die Laufzeit eines Signals durch ein System vom Eingang bis zum Ausgang oder die Reaktionszeit vom Drücken einer Taste des MIDI-Keyboard bis zum Erklingen des im Rechner erzeugten Sounds wird als Latenzzeit bezeichnet.

Die erste Erfahrung mit dem Phänomen Latenz macht wahrscheinlich jeder neue Besitzer einer Soundkarte oder einer ähnlichen Audiokarte dann, wenn er nach erfolgreicher Hardware- und Softwareinstallation zum ersten Mal ein Instrument oder Mikrofon anschließt, um die angepriesenen „Realtime-Effekte" des Systems zu testen. Die Überraschung ist groß, wenn nach einem angeschlagenen Gitarrenakkord 1/2 Sekunde vergeht, bis der Ton hörbar ist.

Diese Laufzeit des Signals ist dann besonders störend, wenn Instrumente oder Gesang live eingespielt werden sollen und deshalb ein Monitoring der schon aufgenommenen Audiosignale und der gerade eingespielten Sounds nötig ist. Auch bei Verwendung von Software-Samplern oder Software-basierenden Sounds (virtuellen Instrumenten) ist die Latenzzeit ein wichtiges Kriterium. Sie bestimmt auch hier die Zeit, die zum Beispiel nach Drücken einer Taste am MIDI-Keyboard bis zum Erklingen des Tones vergeht und beeinflusst damit maßgeblich das Timing und Spielgefühl des Musikers.

Wie kommt diese Latenzzeit zustande?
Grundsätzlich muss man leider sagen, dass die Latenz in einem computergestützten Audiosystem nie ganz beseitigt werden kann. Sie ist systembedingt und nur bei speziell für die Audioaufnahme und Bearbeitung entwickelter Hardware so kurz, dass sie nicht als Problem in Erscheinung tritt, wenn nicht entsprechende Gegenmaßnahmen getroffen werden.

Latenz entsteht durch den langen Weg, den ein Signal durch den Rechner nehmen muss. Zunächst muss es den Analog/Digital-Wandler durchlaufen. Hier entsteht die erste Verzögerung von ca. 40 Samples, dies entspricht etwa einer Millisekunde bei einer Samplefrequenz von 44,1 Kilohertz.

PCI-Bus

Als nächstes reist das Signal auf dem digitalen Bus der Soundkarte zum PCI-Bus des Rechners. Hier wird es zur Weiterverarbeitung zum meist beschäftigten Teil des Computers transportiert, dem Betriebssystem. Das Betriebssystem moderner Computer, ob PC oder oder Mac, hat vielfältige Aufgaben, die abgearbeitet werden müssen. Dies geschieht, indem ein kleiner Teil einer Aufgabe (Task) erledigt wird, dann eine weitere Aufgabe betreut wird, bis schließlich jeweils ein kleiner Teil aller anstehenden Tasks bearbeitet ist und die Aufmerksamkeit wieder der ersten Aufgabe zugewandt werden kann. Man könnte diesen Ansatz mit dem Satz „Immer nur wenig, dafür aber oft“ beschreiben. Auf diesem Weg werden alle Aufgaben irgendwann bewältigt, jede jedoch mit einer gewissen Verzögerung.

Nachdem so die uns interessierende Aufgabe „Audiobearbeitung“ erledigt wurde, treten die bearbeiteten Daten ihren Rückweg über die Busse und schließlich den Digital/Analog-Wandler an, um nach der gerade beschriebenen Bearbeitungszeit hörbar zu werden. Nach Kenntnis des hier beschriebenen Weges wird klar, dass diese Bearbeitungszeit unvermeidlich ist.

Was nimmt Einfluss auf die Größe der Latenzzeit?

Interrupt-Latenz

Wie bereits gesagt, braucht das Signal Zeit, um den AD-Wandler und den DA-Wandler zu durchlaufen. Diese Laufzeit ist nicht veränderbar. Da die Verarbeitung der digitalisierten Daten durch das Betriebssystem des Rechners nicht kontinuierlich erfolgt, muss der Treiber der Soundkarte Pufferspeicher zur Verfügung stellen, in denen die Daten solange zwischengespeichert werden, bis der Rechner den nächsten Bearbeitungsschritt vornimmt. Die Zeit zwischen den Bearbeitungsschritten wird als Interrupt-Latenz bezeichnet und kann bei Win9X oder WinNT zwischen 1 ms und 100 ms liegen. Als niedrigst mögliche Latenzzeit unter Windows kann man also von 3 ms ausgehen (1 ms AD-Wandlung, 1 ms Interrupt-Latenz, 1 ms DA-Wandlung).

Cache-Größe

Audiodaten können jedoch nur dann ohne Knackser und Unterbrechungen am Ausgang erscheinen, wenn die oben erwähnten Zwischenspeicher (Cache) groß genug sind, um alle in der Zeit zwischen zwei Bearbeitungsschritten anfallenden Daten aufzunehmen. Andererseits wird die Verzögerungszeit immer größer, je größer diese Pufferspeicher sind, da die Daten frühestens dann weiterverarbeitet werden, wenn dieser Speicher gefüllt ist und der Soundkartentreiber dies dem Betriebssystem gemeldet hat. Die Devise für die Größe dieses Cache lautet also: „So klein wie möglich, aber so groß wie nötig."

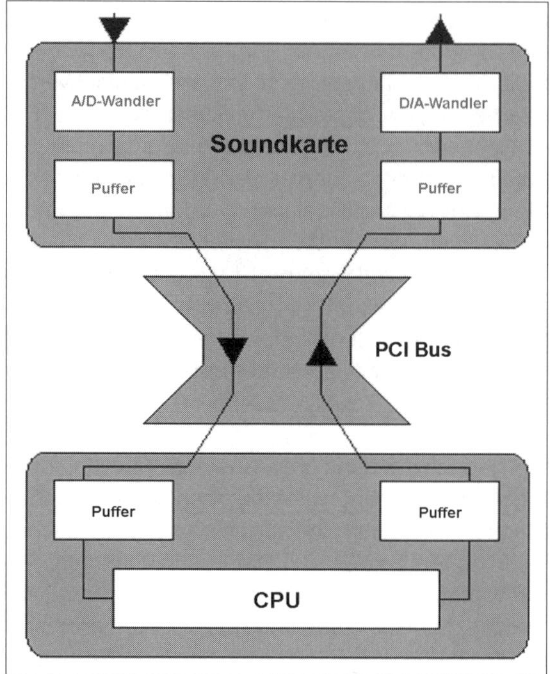

Abbildung 54: Der lange Weg des Audiosignals durch den Rechner

Wenn der verwendete Treiber der Standard-Multimedia-Treiber von Windows ist (MME), ergeben sich mit einer Anwendung wie Cubase VST Latenzzeiten von bis zu einer halben Sekunde. Dies entspricht bei einer Songgeschwindigkeit von 120 bpm einem Beat. Hier wird schnell klar, dass eine solche Verzögerung musikalisch nicht tragbar ist.

Was ist zu tun?

Zunächst sollten wir die Frage stellen, welche Verzögerungszeit als Limit akzeptabel ist und erreicht werden sollte. Schauen wir uns hierzu die Strecke an, die der Schall in einer bestimmten Zeit zurücklegt: Die Schallgeschwindigkeit in Luft beträgt 340 Meter pro Sekunde (340 m/s). Auf einer großen Bühne kann die Distanz zwischen einzelnen Musikern mehrere Meter betragen, ein Musiker, der 3 Meter von seinem Kollegen entfernt steht, hört diesen bereits mit einer Verzögerung von 8,8 Millisekunden! Eine Latenzzeit von 5 bis 10 ms scheint also akzeptabel, sie kann auch im wirklichen Leben durchaus vorkommen.

Direct Monitoring

Es gibt mehrere Ansätze, die Folgen der unvermeidlichen Latenzzeit zu mildern oder für bestimmte Situationen ganz auszuschalten. Die wichtigste Methode ist, mittels eines oft auf der Soundkarte vorhandenen internen Routers während der Aufnahme das Eingangssignal direkt auf den Ausgang durchzuschalten.

Dies bedeutet, dass zwischen Eingang und Ausgang nur noch der Prozess der AD-Wandlung und der DA-Wandlung steht. Wie oben erwähnt ergibt sich hieraus eine Bearbeitungszeit von ca. 2 Millisekunden, eine Verzögerung, die zu keinerlei Problemen führt, wenn man sich ausrechnet, dass der Schall in dieser Zeit gerade 68 cm zurücklegen würde. Ein Nachteil dieser Methode ist, dass keine bereits aufgenommenen Daten mehr wiedergegeben werden können, wenn der Ausgang direkt aus den Eingang geschaltet ist. Für Mehrspur-Aufnahmetechnik ist diese Methode allein also nicht brauchbar. Deshalb bieten fast alle heutigen Programme den so genannten Voll-Duplex-Betrieb (Aufnahme und Wiedergabe gleichzeitig), der im genannten Fall aber nicht funktionieren würde. Aus diesem Grund verfügen fast alle für den Recordingbereich gedachten Audiokarten über einen internen Mixer, in dem die Eingangssignale im Aufnahmemodus mit den bereits aufgenommenen Signalen gemischt und am Ausgang wiedergegeben werden können. Ein solcher Mixer, der die Audiosignale bereits auf der Audiokarte bearbeitet, entlastet außerdem die CPU, er benötigt aber DSP-Hardware auf der Soundkarte. In diesen DSP-Chips ist der Mixer entweder als als so genannte Firmware fest programmiert oder die Mixersoftware wird beim Booten oder Laden des Systems in einen frei programmierbaren DSP geladen. Durch solche DSPs lassen sich auch die Verzögerungszeiten vermeiden, die durch die Berechnung von Effekten oder die Dynamikbearbeitung des Signals durch den Prozessor des Rechners entstehen.

Interne Effekte

Einige Audiokarten bieten interne Effekte an, die in den DSPs der Karte berechnet werden. Sie können von entschieden besserer Qualität sein als nativ berechnete Effekte, da sie die CPU nicht belasten. Wir verlassen mit diesen Überlegungen aber den reinen nativen Betrieb und müssen zusätzliches Geld für zusätzliche (DSP-) Rechenleistung ausgeben.

ASIO oder neue Treiber braucht das Land

Direct X

Neben MME-Treibern (Multi Media Extension) wurden auch DirectX-Treiber in erster Linie für Multimedia-Anwendungen entwickelt. DirectX bietet zwar signifikant niedrigere Latenzzeiten, da es auf einer wesentlich niedrigeren Ebene mit dem Betriebssystem zusammenarbeitet. DirectX ist aber nur für die Wiedergabe von Audiodaten und nicht für deren Aufnahme konzipiert und deshalb für Musikanwendung nicht gerade die ideale Lösung.

Asio Ein weiterer wichtiger Schritt in Richtung niedriger Latenzzeiten wurde deshalb von der Firma Steinberg mit der Entwicklung der so genannten ASIO-Treiber gemacht (Audio Streaming Input Output). Im Gegensatz zu MME- und DirectX-Treibern muss ein ASIO-Treiber leider individuell für jede Soundkarte geschrieben werden. Da sich das Prinzip der ASIO-Treiber wegen ihrer unbestreitbaren Vorteile allgemein durchgesetzt hat, bieten mittlerweile fast alle Hersteller ASIO-Treiber für Ihre Hardware an.

Mit ASIO-Treibern lassen sich mit entsprechender Hardware Latenzzeiten von deutlich weniger als 5 ms erreichen. Dies sind absolut akzeptable Werte, wenngleich sie im Vergleich zu speziell hergestellter Hardware nicht standhalten können. Hier einige Werte des allgemein bekannten Yamaha Mischpultes O2R:

Analogeingang zum analogen Stereoausgang	2,2 ms bei 44,1 kHz
	2,0 ms bei 48 kHz
Analogeingang zum digitalen Stereoausgang	0,75 ms bei 44,1 kHz
oder 8-Kanal Bus	0,70 ms bei 48 kHz-
Digitaleingang zum analogen Stereoausgang	1,8 ms bei 44,1 kHz
	1,7 ms bei 48 kHz.

Diese Werte sind bei Verwendung eines Standard-Rechners mit einem Standard-Betriebssystem wie Windows oder Mac OS sicherlich nicht zu erreichen.

Zum Abschluss sind im Folgenden noch zwei Möglichkeiten gezeigt, ein Studio mit Hilfe eines Rechners aufzubauen.

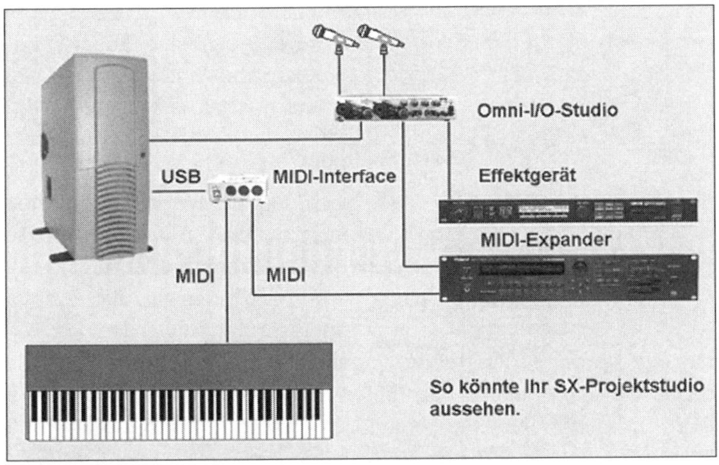

Abbildung 55: Projektstudio, Audiokarte mit externer I/O-Box

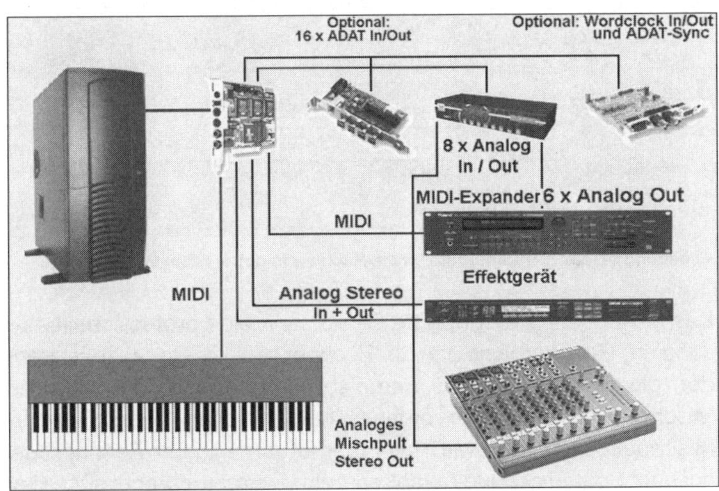

Abbildung 56: Projektstudio mit DSP-Unterstützung und externer I/O-Box

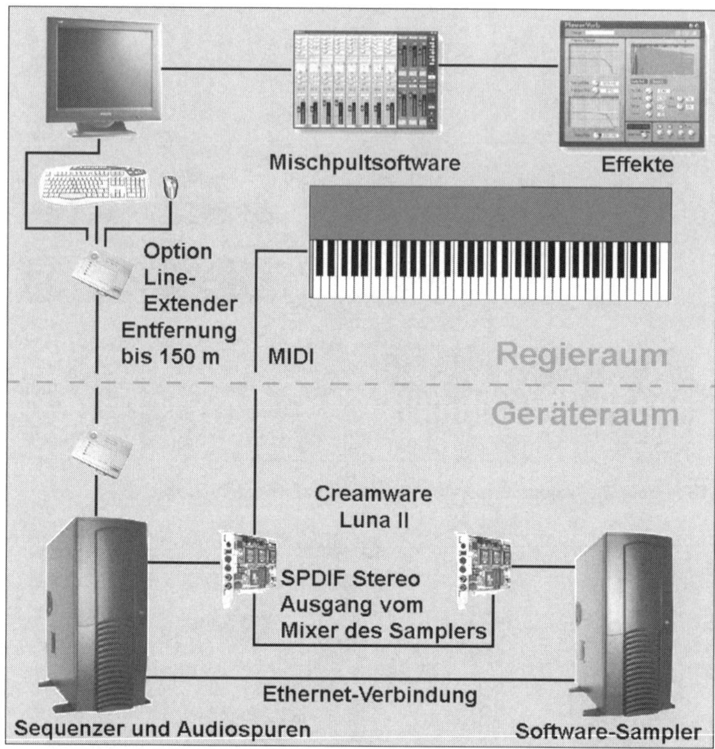

Abbildung 57: Das „Traumstudio", zwei Rechner in getrenntem Geräteraum

Das in Abbildung 57 gezeigte Setup stellt eine professionelle Lösung auf Rechnerbasis dar. Ein Rechner wird als Sampler verwendet, die 8 Ausgänge des Samplers werden im DSP-gestützten Mischpult der Audiokarte vorgemischt, die Bedienung des Sampler-Mischpultes erfolgt via MIDI per Ethernet vom anderen Rechner aus, auf dem Sequenzer und Audiobearbeitung untergebracht sind. Hier befindet sich ein weiteres DSP-unterstütztes Mischpult, auf dem der endgültige Mix aller Spuren, Samplersounds etc. erfolgt. Beide Rechner sind aus dem Aufnahmeraum „verbannt", die Bedienung erfolgt über so genannte Line-Extender vom Regieraum aus. Ein solches Setup ersetzt ein großes Mischpult, Outboard-Dynamikbearbeitung, MIDI-Expander und externe Effektgeräte, die Leistung hängt in erster Linie von der Anzahl der auf den Audiokarten vorhandenen DSPs und vom maximalen Datendurchsatz des PCI-Busses im Hauptrechner ab.

Index